本书系2017年河北省教育厅人文社科重点项目“河北省城市人居环境可持续发展策略研究”（项目编号：SD171074）的研究成果

中国城市人居环境可持续发展策略研究

◎武　勇　著

中国纺织出版社

内 容 提 要

本书首先对“人类聚居学”的由来、西方城市史理论进行了具体而深入的论述；然后，详细阐述了当代人居环境的主要趋势和发展现状；接着，在对我国城市化进程与城市人居环境建设过程中面临的各种问题进行分析的基础上，对我国城市人居环境建设可持续发展展开了探讨；最后，提出了中国城市人居环境可持续发展保障体系和针对性建议。

图书在版编目（CIP）数据

中国城市人居环境可持续发展策略研究 / 武勇著

. -- 北京 : 中国纺织出版社，2019.10（2022.8 重印）

ISBN 978-7-5180-5842-6

Ⅰ. ①中… Ⅱ. ①武… Ⅲ. ①城市环境－居住环境－可持续性发展－研究－石家庄 Ⅳ. ① X22

中国版本图书馆 CIP 数据核字（2018）第 279471 号

策划编辑：王　慧　　特约编辑：吕　倩　　责任印刷：储志伟

中国纺织出版社出版发行

地址：北京市朝阳区百子湾东里 A407 号楼　邮政编码：100124

销售电话：010 － 67004422　传真：010 － 87155801

http: //www. c-textilep. com

E-mail: faxing@c-textilep. com

官方微博 http://weibo. com/2119887771

佳兴达印刷（天津）有限公司印刷　各地新华书店经销

2019 年 10 月第 1 版　2022 年 8 月第 5 次印刷

开本：710×1000　1/16　印张：10

字数：138 千字　　定价：56. 00 元

前　言

随着工业革命的推进，世界的城市化进程逐步加快，伴随而来的城市问题也日益突出。人们在积极寻求对策、不断探索的过程中，以相关学科为基础，逐渐形成和发展了一些近现代的城市规划理论。其中，以建筑学、经济学、社会学、地理学等为基础的“人居环境科学”迅速发展。就其学术本身来说，该理论言之成理、持之有故，然而，实际效果证明其仍存在一定的专业局限，难以完全适应发展的需要，存在很多亟待解决的问题。

基于上述情况，希腊建筑规划学家道萨迪亚斯（C. A. Doxiadis）率先提出将“人类聚居学”（*Ekistics*：*The Science of Human Settlements*）作为人居环境科学的发展方向。他强调把包括乡村、城镇、城市等在内的所有人类住区作为一个整体，从人类住区的“元素”（自然、人、社会、房屋、网络等）入手进行广义的、系统的研究，扩展研究的领域。在道萨迪亚斯和其他众多人居环境科学研究先驱的倡导下，系统地研究区域和城市发展的学术思想深入到了人类聚居环境的各个方面。

城市是当今世界中主要的人居环境之一。改革开放以来，中国成为世界上城市化进程最快的国家之一，在取得极大成就的同时，也出现了种种错综复杂的城市问题。目前，我国城市建筑工作者在这方面的学术储备还不够，现有的建筑和城市规划科学缺乏对实践中各种问题确切的、完整的对策，还不能完全适应时代发展的需要。为此，笔者撰写了本书，力求将城市问题具体化，并提出切实可行的解决途径。

人居环境科学是一门以人类聚居（包括乡村、集镇、城市等）为研究对象，着重探讨人与环境二者之间的关系的科学，强调把人类聚居作为一个整体。研究该学科的目的是了解、掌握人类聚居发生和发展的客观规律，为更好地建设可持续发展的人类聚居环境提供理论依据。

本书分为三个部分。第一部分包括第一章，系统地阐述了“人类聚居学”的由来、西方城市史理论，以及当代人居环境的主要趋势和发展现状。第二部分包括第二、三章，在梳理城市人居环境重要概念的基础上，提出了城市人居环境的指导理论——可持续发展理论，论述了城市人居环境可持续发展的两个构成和五大原则。第三部分包括第四章到第八章，是本书最重要的部分。该部分就中国的城市环境污染问题从时空、历史、影响因素三个方面进行了研究，探讨了在可持续发展视域下城市人居环境存在的问题和如何建构具有创新性的城市人居环境评价体系以及保障体系，提出了符合中国发展现状的、具体可行的改善对策和建议。

笔者在撰写本书的过程中借鉴并参考了一些专家和学者的人居环境科学理论成果，在此表示衷心感谢！因笔者的研究水平有限以及各种实际条件的限制，本书难免会存在疏漏或不足之处，恳请各位专家和读者批评指正。

武　勇

2018 年 11 月

目　录

第一章 绪 论

改革开放以来，中国城市建设取得了辉煌的成就。中国从城市规划到接触“人类聚居学”理论，直至提出人居环境科学，经历了一个漫长的探索过程。

第一节 城市规划实践之路

中华人民共和国成立以来，中国城市建设问题和作为专门学科的城市规划开始受到普遍关注。在此期间，学术界出现了一些理论、经验（如伦敦改建、新城建设、美国邻里单位规划，以及苏联的莫斯科规划、斯大林格勒改建等），以及一些富有新意的书籍，但是这些理论与经验都比较分散且缺少系统性。中国的书籍尽管以极大的努力试图结合中国实际，但对于其中大量的、从建设实际中总结的思想（如由水网化、大地园林化引起的对布局形式的探索等）一直没有进行系统探讨和实践检验。如何结合中国的城市建设实践形成适合中国国情的、系统的城市规划理论，是中国目前亟待解决的问题。

事实上，如今的中国城市规划发展面临着内外两方面的冲击。一方面，在经济体制转变的过程中，人们对改革前中国城市规划的评价陷入了混乱，而对社会主义市场经济的准备又不足，城市规划难免捉襟见肘。另一方面，物质规划常常被否定，一些学者对物质规划的批评缺乏具体分析。中国的城市规划发展面对纷繁复杂的城市问题有些无所适从，但是城市的发展不能没有规划，也不能没有理论指导，中国的城市规划发展在城市快速发展的时期显得尤为重要和迫切。

第二节　近代城市史理论概述

一、霍华德

工业革命后，生产力和生产关系的变化加速了城市化的进程。在这种新形势下，出现了许多思想家，这些思想家提出了许多关于社会改革的思想。在 19 世纪末 20 世纪初，出现了一位现代城市规划先驱者——埃比尼泽·霍华德（Ebenezer Howard），他提出了关于城市规划的三种磁铁示意图，如图 1-1 所示。

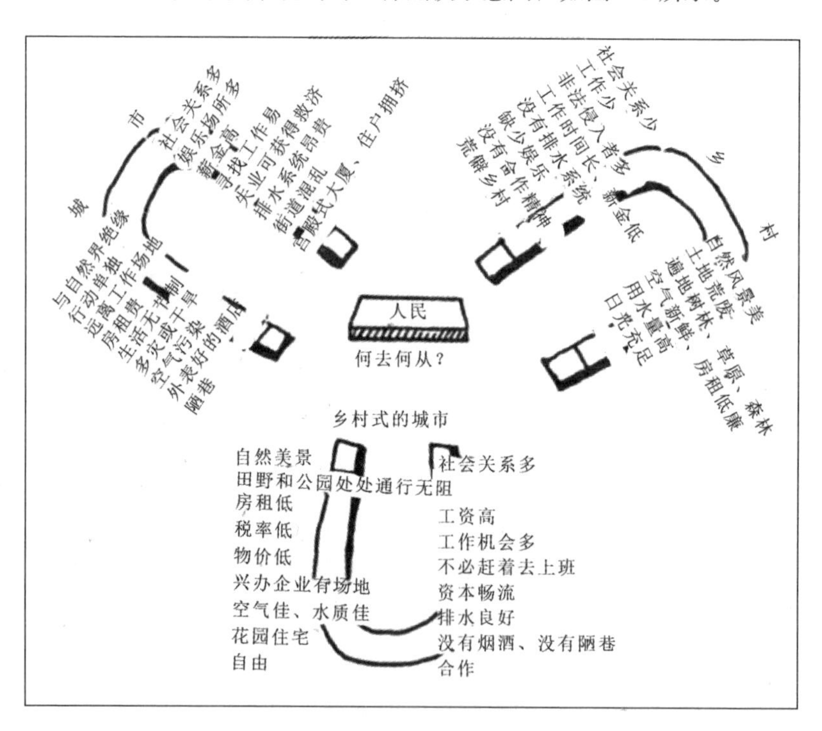

图 1-1　霍华德的三种磁铁示意图

霍华德曾是一名书记员，后来成为近代城市规划的启蒙者。这种改变看似偶然但也属必然。

第一，在他之前，已经出现了不少空想社会主义的思想和实践。例如，1824 年，英国所谓的“工业慈善家”在美国的新协和村进行试验；1887 年，利华肥皂厂建设了日光港（Port Sunlight）工人城等。这些实践为当时正在谋求出路的霍华德带来了很大的启发。

第二，他志在改革，希望在总结前人经验教训的基础上实现更高的追求。霍华德的代表作——《明日：一条通向真正改革的和平道路》（*Tomorrow：A Peaceful Path to Real Reform*）于 1898 年出版，这是他的第一个宣言，其思想目标是对环境进行全面的设计。他提倡的“社会城市”（Social City）开创了对区域规划、城乡结构形态、城市体系的探索，开启了对围绕旧城中心建设卫星城、用快速交通联系旧城与新城等新的规划模式的思考，如图 1-2 所示。他把对于城市与乡村的改造作为一个统一的问题来处理，走在了时代的前列。

第三，他不仅是一位理想主义者，还是一位实践家，一位“务实的理想主义者”（芒福德语）。莱奇沃斯（Letchworth）与韦林（Welwyn）这两个新城就是在他的启发下建造的。

第四，他具有社会活动家的品质与能力，他通过宣传兼采城乡环境之长来解决城市问题这一举措不仅推动了新城运动，还全面推动了人居环境的改善。正如 P. 霍尔（P. Hall）在《世界大城市》（*World Cities*）一书中所说的，霍华德在许多方面的卓越见解，更适用于 20 世纪的最后 20 年。[①]

二、盖迪斯

派特里克·盖迪斯（Patrick Geddes）也是现代城市规划的奠基人之一，他与前述的霍华德堪称“两股并行的溪流”。他是规划师，也是一位生物学家与哲学家。他受法国社会学家奥古斯特·孔德（August Comte）和勒普莱（P. G. F. Le Play）的影响，从生物学领域走向人类生态学领域，开始研究人与环境的关系、现代城市成长和变化的动力，以及人类、居住地与地区的关系（folk-place-work），如图 1-3 所示。

① ［英］P.霍尔.世界大城市［M］.中国科学院地理研究所，译.北京：中国建筑工业出版社，1982.

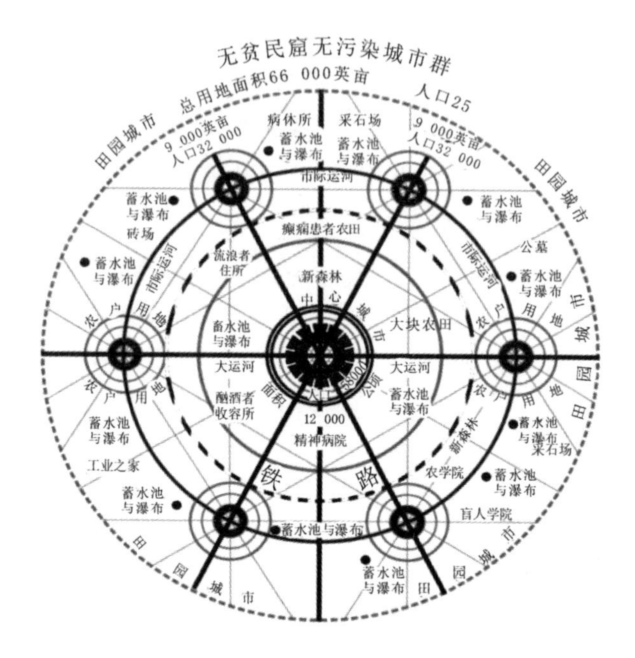

图 1-2 霍华德田园城市图解

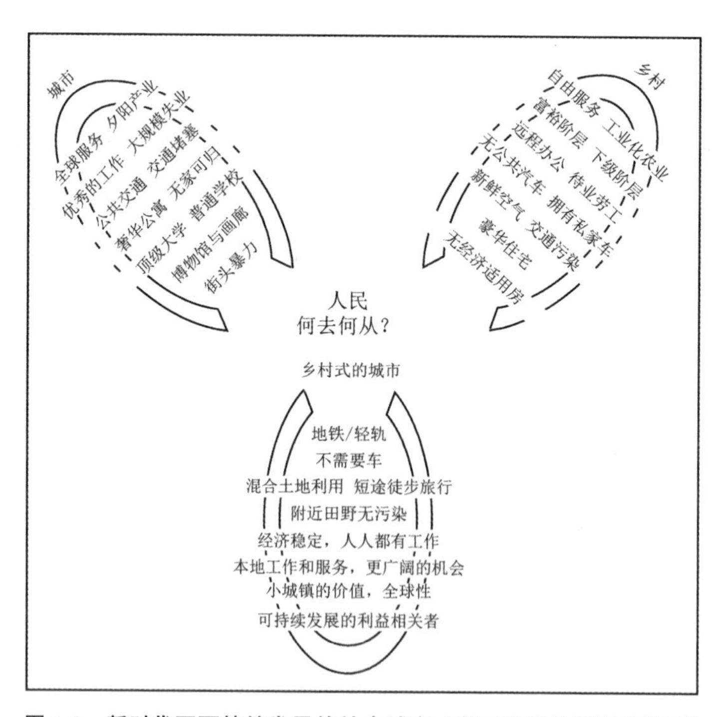

图 1-3 新时代下可持续发展的社会城市（新三种磁铁图解示意图）

盖迪斯积极倡导综合规划的概念，他在1915年出版的《演化中的城市》（*Cities in Evolution*）一书中，系统地论述了他的思想。他用哲学、社会学与生物学的观点揭示了城市在空间与时间发展中所展示的生物和社会方面的复杂性，指出在规划中要统一考虑不同的部门和工作。①

他把环境看作由多种元素构成的事物，是人类进行多种活动的场合；他把城市看作人类文明的主要“器官”。最重要的是，他介绍了地点和就业活动在众多方面的联系和综合性，以及它们对于定居点演化的持续影响，如图1-4所示。

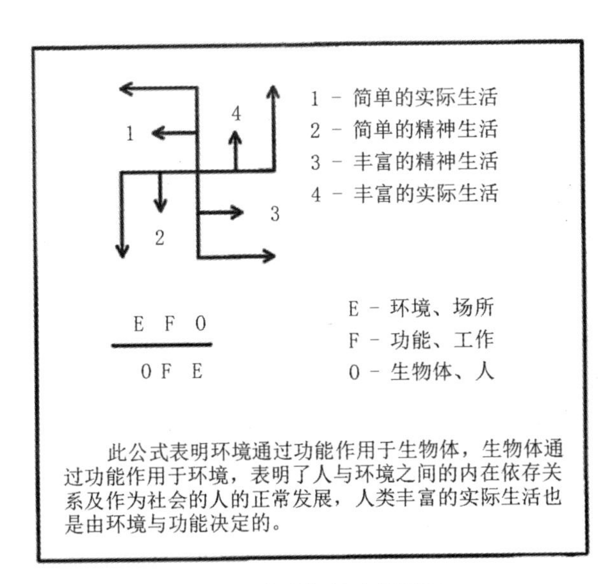

图1-4 盖迪斯的生活图示

他提倡区域观念，即周密地分析地域环境的潜力和限度，以及居住地布局形式与地方经济体的影响关系。他突破城市的常规范围，强调把自然地区作为规划的基本框架（Basic Framework）（当时城市规划的主要工作是城市设计）。基于区域观念，他非常重视城镇密集区，将城市与乡村都纳入城市地区规划。

他重视调查研究，认为规划师首先要学习、了解、把握城市，然后再判断、诊治或改变城市（即“先诊断，后治疗”，Diagnosis before Treatment）。

---

① 王中.城市规划的三位人本主义大师——霍华德、盖迪斯、芒福德[J].建筑设计管理，2007(4)：41-43.

他提出了系统的调查思想，主张在全面地了解城市之后，再着手规划（Survey before Plan）。

盖迪斯反对形式主义与专家规划，提出有机规划的概念。他是人本主义综合规划的代表人物，他用简单的生活图式（Notation of Life）表达了人类生理与心理发展的规律。

三、芒福德

刘易斯·芒福德（Lewis Mumford）是一位著作等身的学者，他在60年的写作生涯中出版了30多本专著、上千篇论文与评论，其中有23本著作至今仍在发行，被称为这个时代最具深入性、最有影响力的思想家之一。他在历史、哲学、文学、艺术、建筑、城市规划，以及城市与技术的研究等方面均有创造性的成就。芒福德思想宏博、精深，强调以人为中心，提出了影响深远的区域观和自然观。

（一）以人为中心

芒福德认为一个孤立的人难以在社会中稳定生存，他需要家庭、朋友及同事去帮助他维持自身的平衡。芒福德强调要密切注意人的基本需要，包括人的社会需求和精神需求；强调以人的尺度为基准进行城市规划。他从多方面抨击了大城市的畸形发展，提倡重新振兴家庭、邻里、小城镇、农业地区、小城市以及中等城市，将符合人的尺度的田园城市作为新发展的地区中心。他深受霍华德的影响，对霍华德的学说评价极高，认为霍华德的天才之处在于把城市现有的各种器官配合起来组成了一个更为整齐有序的混合体，并使其在有机限制的扩展原则下运行。

对于新技术与人文的关系，芒福德向往新技术，向往“新技术时代”（Neotechnic Era）的到来，推崇利用新型、小巧、符合人性原则和生态原则的新技术，即所谓的“技术复合体”，包括生物科学、社会科学等，以此推动农业这个人类最初的产业进步。同时，他也十分注重人文，认为城市与区域不仅涉及地域范畴，还是地理要素、经济要素、人文要素的综合体；他还主张复兴城市地区的历史文化遗产，使其成为优良传统观念和生活理想的重要载体。

在芒福德看来，技术与人文是统一的，但是在现实世界中两者的发展常常是割裂的。尽管自然科学发展的前景是美好的，但这并不意味着人类社会将会自然而然地过渡。芒福德注重人的需要和人的尺度，这也正是芒福德的建筑与城市思想的基本点。

对于西方社会，芒福德持鲜明的批判态度。他主张以人生经济（Life Economy）取代金钱经济（Money Economy），并指出必须改变大城市的经济模式。

（二）区域观

芒福德对区域及区域规划有很多阐述，他认为区域是一个整体，而城市是它的一部分，城市及其所依赖的区域是城乡规划密不可分的两个方面，所以真正成功的城市规划必须是区域规划。区域规划的不同要素需要包括城市、村庄及农业地区，作为区域综合体的组成部分，只有建立一个多样化的区域框架才能综合协调城乡发展。他进一步提出了城市密集地区的区域整体论（Regional Integration），主张将大、中、小城市结合，将城市与乡村结合，将人工环境与自然环境结合。因此，他积极推荐C.斯坦因（C. Stein）的区域城市（Regional City）理论（如图1-5所示）和亨利·赖特（Henry Wright）的纽约州规划设想（如图1-6所示）。

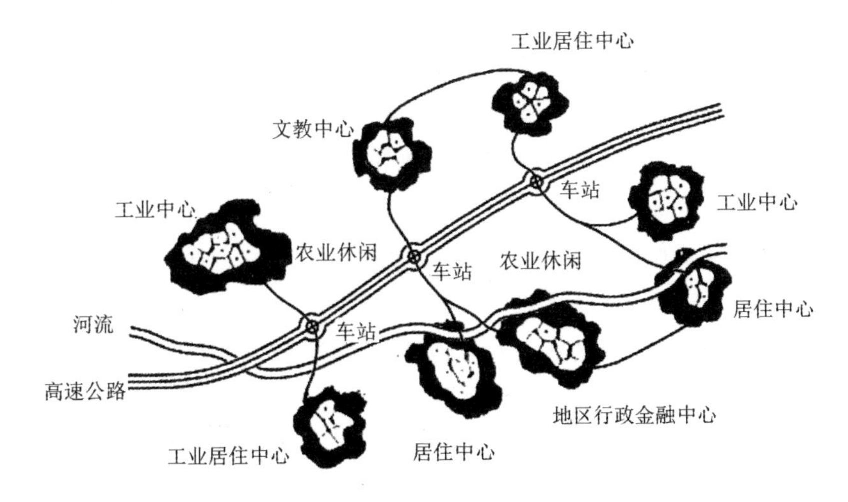

图1-5 斯坦因的区域城市理论示意图

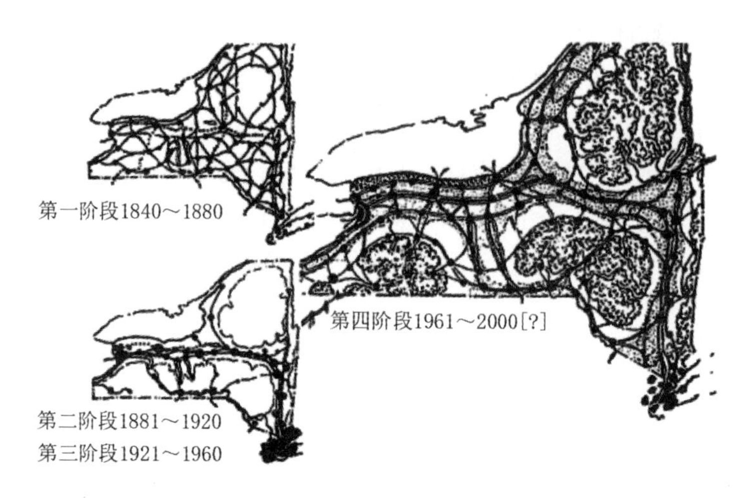

图 1-6　亨利·莱特的纽约州规划设想示意图

（三）自然观

芒福德说："正如地理学家杰夫逊（Mark Jefferson）在很久以前就已经注意到的，城市和乡村是一回事，而不是两回事，如果说其中一个更重要，那也是因为自然环境，而不是人工在它上面的堆砌。"他指出在区域范围内保持绿化环境对城市文化来说是极其重要的，因为这两者的关系是共存共亡的，一旦环境被损坏、掠夺、消灭，那么城市也会随之衰退。重新占领绿色环境，进行美化，使其重新充满生机，并使之成为平衡生活的、具有重要价值的源泉是城市更新的重要条件之一。他强调要保持城市社区的林木绿地，阻止城市发展破坏城乡生态环境。随着人们余暇时间的增多，保护自然环境显得空前重要，在规划城市时不仅要保持肥沃的农业和园艺地，以及供人们娱乐、休息和隐居之用的天然园地，还要增加人们的业余爱好活动场所。为此，芒福德提出了休闲场所的邻近性，当宝贵的邻近乡村土地被全部侵占时，居民们就只能依赖远处的休闲用地和景物，但休闲场所与居民的距离越远，其日常公共使用的程度就越低，最终丧失其作为休闲场所的价值。因此，规划师在规划城市时要创造性地利用景观，使城市环境接近自然且适于居住。

尽管芒福德并未直接提出人类聚居学，但他以多学科为基础建立了一系列的学术观念，如上述的人文观、区域观、自然观等，形成了独树一帜的研究体系。芒福德不仅努力使他个人的观念覆盖各个学科，而且也积极倡导多学科专家的交叉结合。例如，他建议成立包括动物学家、地质学家、生态学家、人类学家、考古学家以及历史学家在内的多学科专家团体，共同研究区域问题。

总之，虽然三位先驱者的思想非常活跃，但是仍未形成具有整体性与可操作性的科学框架。在探索切实可行的理论和办法的过程中，笔者又想到了道萨迪亚斯的人类聚居学，道萨迪亚斯毕竟系统地思考过一些城市问题，借鉴道萨迪亚斯的理论和方法，可以节省摸索的过程，从而解决更多地问题；同时，人类聚居学也可以在此过程中逐步发展。

第三节 道氏学说概述

一、对道氏学说的认识

20 世纪五六十年代，道萨迪亚斯针对当时居住环境恶化的形势以及严重的城市化问题，阐明了两点认知：一是社会对城市的认知较为片面；二是不同学科之间缺乏联系，导致当时的社会缺乏对城市环境的宏观性认识。因此，道萨迪亚斯将建筑的概念从房子延伸至聚居（Settlement），并把聚居提取出来加以系统的研究，将其称为人类聚居科学（Science of Human Settlement），简称人类聚居学。其他研究学者将其称为道氏学说。

对人类聚居学的研究是一项具有建设性、系统性的研究。多年来，建筑学者们一直在宣传建筑的两重性，强调艺术的属性，但总是以房子论房子，非专业者难以理解，而将建筑与聚居联系在一起后，情形就大不一样了。聚居环境不是房子与房子的简单叠加，而是人们多种多样的生活和工作的场所，不管是一幢房子、一座村庄，还是一个城市，都属于聚居范畴，从而可以很自然地将建筑与城市融合在一起。在这个过程中需要融入人类学、社会学、地理学等观点去分析、研究实际问题。“聚居论”是一个基本的理论，从此出发，可以认识到建筑的地区、文化和科技等特性，从而认识广义的建筑学。

二、道氏学说简介

道萨迪亚斯的理论特点主要集中在以下四个方面。

第一，对时代及其所面临的任务的认识。《台劳斯宣言》指出："纵观历史，城市是人类文明和进步的摇篮。今天，就像其他所有的人类机构一样，城市被卷入了一场袭击整个人类的、迄今为止最为深广的革命之中。"以道萨迪亚斯为代表的学者所指的这场革命，就是城市化，其意味着人们将以更快的速度进入城市住区。对于这场革命的影响，《台劳斯宣言》还指出："从整体看来，直至最近，政府、学者、经济学家、专家们都已忽略了城市化在国家发展中的重要作用。城市化是发展的结果，也是发展的负担。但是，它还应该成为良性发展的手段。"道萨迪亚斯通过环境危机看到了城市化在国家发展中的全面作用，为他提出人类聚居学带来了思路。

第二，考虑问题的整体观、系统观。道萨迪亚斯认为城市问题错综复杂既有客观原因，也有主观原因。人们总是试图把某些部分孤立起来单独考虑，而从未想过从整体入手来考虑问题的全局。如果不理解事物的客观规律与复杂性，只是简单、片面地理解与处理问题，得到的结果也只能事与愿违。

第三，在建筑与城市科学中，较早有意识地运用了交叉学科的观点，引入多学科理论方法来从事城市研究。这种做法拓宽了城市规划学的研究范畴，意义非同寻常。道萨迪亚斯认为，人类聚居学不像城市规划学、地理学、建筑学、经济学、社会学等学科仅涉及人类聚居的某一部分或是某一侧面，而是把人类聚居作为一个整体，从政治、文化、社会、技术等各个方面，系统地、综合地进行研究，这对于人们认识城市问题、建立理想的居住环境来说十分重要。

第四，初步建立理论框架。在系统论、控制论、信息论等学说刚刚兴起时，道萨迪亚斯就以其对新事物特有的敏感吸取了这些学说的内容，并将它们创造性地运用到对人类聚居的研究中。他将人类聚居分为自然、人、社会、建筑、支撑网络等元素，以及从房间到城市再到"普世城"（Ecumenopolis）等不同层次的居住单元，通过研究不同时代城市模型的发展，建立了明晰的分析方法和庞大的学术体系，高瞻远瞩地研究城市问题。当环境问题又一次敲响警钟时，道萨迪亚斯意识到了生态问题的重要性，并于1975年完成了《生态学与人类聚居学》(*Ecology and Ekistics*)一书的书稿。该书在其逝世后，经英国的迪克斯(G. Dix)教授整理出版，成为道氏学说的又一个重要组成部分。

三、对道氏学说的评价

著名希腊建筑评论家宗尼斯曾受委托为道萨迪亚斯写传记，但后来因故中止了这一工作。他称道氏思维活跃，俨然天才，对道萨迪亚斯在第二次世界大战后的工作贡献予以颇高的评价。道萨迪亚斯推动发表了《台劳斯宣言》，成立了世界人类聚居学会，并推动了联合国在温哥华召开人类聚居会议，贡献卓越。

20 世纪 50 年代在雅典建立的研究中心曾云集了世界各国的学者，最鼎盛时达到五百多人。后来，由于道萨迪亚斯逝世，群龙无首，境况已远不及当年。现在唯一保有声望的就是 Ekistics 杂志(*Ekistics*: *Reviews on the Problems and Science of Human Settlements*，人类居住区问题与科学杂志)，该杂志创办于 1955 年 10 月，其刊发的论文至今仍然保持着多学科、高质量的特色，在学术界享有一定的声誉。该杂志还于 1982 年出版了中国专号，于 1998 年出版了以“大城市及其地区”为题，以中国规划为主要内容的专集。不过由于种种原因，“道氏帝国”最终还是逐渐没落。

道萨迪亚斯所倡导的人类聚居学，尤其是系统地研究人类居住环境的思想，在世界范围内产生了深远的影响。例如，1996 年，在北京召开的特大城市及其地区国际学术讨论会曾举行“Ekistics Day”。

必须指出，道氏学说主要针对的是西方国家的现象与经验，涉及亚洲发展中国家的内容并不多。因此，我们在借鉴道氏学说的同时，应该积极结合中国实际，探索适合中国发展的具体道路。另外还要注意的是，由于道氏学说的体系庞大，问题的核心往往不易把握，而且该学说还留有一些机械的、线性思维的痕迹，这种认识上的时代局限与道萨迪亚斯的逝世有关。①

在 21 世纪，发达国家的城市规划工作处于低潮状态。例如，美国早已宣告其新城试验失败，认识到英国新城运动并不是解决城市问题的万能道路，美

---

① 韩升升.道萨迪亚斯的人类聚居学分析[J].科技致富向导,2011(23):92.

国的种种城市问题未能得到缓解。M. 卡斯特尔（M. Castells）的信息城市、网络城市虽然勾画出了一些值得注意的现象，但是仍属一家之言，尚难定论。

科学的进步与生产力的发展意味着伟大的思想终会诞生，我们应从当前较为复杂的城市问题中找到方向，为新的规划思想呐喊。

第四节　人居环境科学建设概述

受到人类聚居学的启示而提出了人居环境学。人居环境学一直积极汲取道氏学说中科学的内容，如多学科成果的利用、基本原理的发挥、学术框架的建设等，直至 20 世纪 70 年代道萨迪亚斯逝世为止。不可忽视的是，第二次世界大战后，第三世界国家，特别是亚洲城市在发展的过程中出现了很多新的问题，这些问题已远非人类聚居学所能概括。这也从侧面说明，我们有必要从中国国情出发，借鉴西方的学术思想，汲取道氏学说的精华，构建符合中国发展道路的人居环境科学。

一、当今世界人类住区发展的主要趋势

（一）城市作为一种人居环境，已成为世界关注的焦点

新世纪有“城市世纪”或“城市时代”之称，未来的世界被认为是一个城市化的世界，城市已经成为世界关注的焦点，见表 1-1。

表 1-1　城市化进程与相关的时代进程和专业发展

时代进程	城市化进程	专业发展
18 世纪中叶工业革命至 20 世纪初，科学技术发展，社会、经济、文化变革	●城市发展加速	●近代城市规划学开始酝酿，20 世纪初研究城市模式，注意区域发展

续表

时代进程	城市化进程	专业发展
20 世纪	●城市化水平提高 1925 年为 20% 1950 年为 28.7% 1980 年为 40% ●2000 年为城市化发展的转折点，世界 1/2 的人口居住在城市	●城市规划学科进一步发展 ●人类聚居学开始酝酿系统观念 ●过度的专业化倾向要求多学科参与研究复杂的巨系统 ●20 世纪 60 年代提出环境问题，20 世纪后期找到共同目标：可持续发展 ●从城市走向区域
21 世纪全球化	● “城市世纪” ●2010 年，世界人口的 60% 居住在城市 ●大城市发展、全球城市、城市地区、网络城市崛起	●科技全球化大潮澎湃 ●人居环境科学将进一步发展

1993 年，联合国东京会议称“21 世纪将是一个新的城市世纪”。

1996 年，联合国“全球人类住区报告”提出“城市化的世界”（An Urbanizing World）。

1986 年，联合国将每年 10 月的第一个周一定为“世界人居日”（World Habitat Day），其最初的主题是住宅，后来视野逐步扩大，1996 年的主题为“城市化、公民的权利与义务和人类的团结”，1997 年的主题为“未来的城市”，1998 年的主题为“更安全的城市”，1999 年的主题为“人人共享的城市”。

2000 年 7 月，柏林国际博览会召集“城市未来全球会议”（The Global Conference on the Urban Future，简称 URBAN 21），以“人居·自然·技术”为主题，讨论世界市场经济区域经验、科学文化技术创新与可持续发展的协作问题等。

人们发现，城市是社会全面发展的关键（City is the Key to Overall Evelopment），但城市也面临着难以解决的问题，如贫穷、社会分化、污染、交通堵塞等。

城市问题是社会、经济、技术发展的缩影，受到国际社会的普遍关注，逐渐成为大学、科研院所关注研究的对象。

（二）人类聚居的可持续发展

人类聚居建设作为关系人类生存发展的一个基本问题，早已引起了世界范围的广泛关注。

1972年，联合国在斯德哥尔摩召开人类环境会议，有113个国家和地区的代表以及有关群众团体参加了会议，这是人类史上第一次将人类环境问题纳入世界各国政府和国际政治议程，也是全世界各个国家和地区的代表第一次共同讨论环境对人类和地球的影响。会议最终就人类必须保护环境达成共识，发表了《人类环境宣言》。

1976年，联合国在温哥华召开人类居住大会。

1987年，联合国环境与发展委员会发表并通过《我们共同的未来》报告。

1989年5月，联合国环境署理事会通过了《关于可持续发展的声明》，明确“可持续发展”思想。

1992年，世界环境与发展大会在里约热内卢召开，会议通过了《里约环境与发展宣言》和《21世纪议程》两个纲领性文件。这是联合国和人类发展史上参加国家和人数最多的一次会议，也是可持续发展首次得到世界最广泛和最高级别的承诺。

1996年，第二次联合国人类住区会议在伊斯坦布尔召开（简称“人居二”），会议上检阅了自1976年在温哥华召开人类住区大会后十年来的发展。

在建筑界，1981年国际建协召开的华沙大会以“建筑·人·环境”为主题；1993年的芝加哥大会以“处于十字路口的建筑——建设可持续发展的未来”为主题；1999年在北京召开的第20次大会指出“走可持续发展之路必将带来新的建筑运动，促进建筑科学的进步和建筑艺术的创造”，并通过了《北京宪章》。

2001年6月，在纽约召开的联合国“伊斯坦布尔+5”会议检阅了自1996年“人居二”会议以来五年的《人居议程》执行情况，并讨论了未来要优先考虑的问题。

2016年10月，在厄瓜多尔首都基多市举办的第三届联合国住房和城市可持续发展大会（简称“人居三”），与来自世界各地的与会代表讨论了未来20年的人居环境发展方向，致力于以非政府组织的角色传达“人居三”的会议精神，并以大会上发布的《新城市议程》为指导，努力为城镇的可持续发展做出更大的贡献。

综上可见，重视人居环境可持续发展是世界性的行动。

（三）全球一体与地域差异

回顾近几十年的众多变化，除了科学技术的发展极大地改变了人类社会的面貌之外，世界全球化也相当引人注目。如今，由于交通和通信技术的发展，人们感觉地球正在“变小”，各个国家和地区之间的影响和联系显得越来越重要。20世纪80年代以来，生产、金融、贸易等活动在全球范围内扩散，但管理、控制和专业化服务等只集中在少数的中心城市。在地理上日益分散的经济活动，在功能上逐渐整合为在全球层次上相互依赖、相互补充的一体化经济体系，称为全球经济一体化，或经济全球化、世界型经济。全球化的背景和国际化的行动似乎要将世界带入一个无国界的社会。人类所面临的一些重要问题，如人口爆炸、生态环境退化、地区差异加大以及城市、人口的两极化等，使世界各地人民的命运紧密地联系在一起。

全球意识日益成为各国在发展过程中的共同取向，特别是在生产、金融、技术等方面，全球化趋势不可避免。这为文化交流、融合带来了前所未有的机遇，但也带来了各种问题。例如，1996年，联合国成员中最不发达的国家仅有18个，而目前却达到48个，被称为“全球化的陷阱”①。这种畸形发展对城市发展具有消极影响，同时也给地区原有的文化带来巨大的冲击。

全球一体虽然是世界趋势，但区域差异的存在始终是不容忽视的事实。美国哈佛大学教授亨廷顿认为：“尽管存在推动世界相互接近的全球化力量，但各国都越来越努力地寻求自己的文化个性……我们将从单极世界走向多极世界。”目前还没有能够确保全球性发展自上而下全面实施的方法或政治、技术框架。因此，我们除了要探索新的发展途径外，还要在城市和区域的层次上寻找新的发展政策，根据地方的实际情况，利用地方资源，尊重地方的文化传统，相互了解、沟通、借鉴。

---

① [德]彼得·马丁.全球化陷阱[M].张世鹏，译.北京：中央编译出版社，1998.

在全球化、信息化的时代，城市与地区既要有意识地吸取世界先进的科学技术文化，还要基于不同地域的自然地理、历史、经济、社会、文化来探索科学的地域发展道路，自觉地继承、保护、创新城市与地区的特色，建设具有特色的人居环境。

二、中国人居环境建设的历史发展与现状

（一）中国人居环境建设的遗产与理念

神州大地是中华民族世世代代繁衍生息的地方。五千多年来，虽然在这片土地上发生了无数的自然灾害与战乱，但我们的祖先通过世世代代的努力，建设了无数的城市、村镇和建筑，也留下了极具价值的环境理念。这是中国传统文化的重要组成部分，近代学者已经对此方面展开了研究。

笔者在此归纳了我国古代文献中记载的环境理念。

1. 区域观念规划发展

先秦时期的《尚书·禹贡》根据地理环境各要素的内在联系与差异，将全国分为“九州”，它以华夏为中心的四至地域的视野，表达了古代的区域观念。

西汉时期，司马迁撰写的《史记·货殖列传》根据地区的山川、物产、风俗民情等将天下分为4大经济区，这4大经济区又可细分为12个小区，从中可以分析出19个中心城市的经济特征。

2. 土地利用

中国古代就已经有了符合水土保持原则的土地利用整体规划思想。例如，《商君书·徕民篇》具体分析了城市及其腹地的用地构成与比例关系：“地方百里者，山陵处什一，薮泽处什一，溪谷流水处什一，都邑蹊道处什一，恶田处什二，良田处什四，以此食作夫五万，其山陵、薮泽、溪谷可以给其材，都邑蹊道足以处其民，先王制土分民之律也。”《淮南子·齐俗训》中的“水处者渔，山处者木，谷处者牧，陆处者农”，强调应遵循自然生态的内在规律，充分利用自然资源，地尽其利。

3. 城市规划

《考工记》中提到的“体国经野”的营国制度，实际上是以城镇为中心包

括周围阡陌在内的总体规划制度。

《管子》记载了古代区域规划分区的思想。例如，“制国以为二十一乡；商工之乡六，士农之乡十五。”指城市职能分工；“五家而伍，十家而连，五连而暴，五暴而长，命之曰某乡，四乡命之曰都，邑制也。邑成而制事”，指城市规模分级与组织。

关于社区、邻里思想、制度所见的内容则更多。例如，《周礼·地官·遂人》中的“五家为邻，五邻为里”，《尚书·大传》中的“八家为邻，三邻为朋，三朋为里”等。

关于重视规划，明确建设程序与保持良好的生态环境的论述，《汉书·晁错传》中有一段精彩的记载：“古之徙远方以实广虚也，相其阴阳之和，尝其水泉之味，审其土地之宜，观其草木之饶，然后营邑立城，制里割宅，通田作之道，正阡陌之界，先为筑室，家有一堂二内，门户之闭，置器物焉，民至有所居，作有所用，此民所以轻去故乡而劝之新邑也。……此所以使民乐其处而有长居之心也。”

这段论述的意思是说，当向偏远地区移民时，必须做到以下几点。

（1）选择生态环境良好的地区（如水质好、土地肥沃、草林茂盛等）并加以规划；

（2）开辟交通道路；

（3）建设房屋并做室内设计。

只有这样才能在发展农业的同时，使人们对新的居住环境感兴趣，产生定居的想法。这些都是农业社会人居环境建设的基本特点。

4. 城市设计

西方某位学者说中国无城市设计，这是一种误解。中国城市规划的特色之一就是城市规划与城市设计相融合。

中国古代文献中记载了许多基于山水文化理念的环境设计观，以及各具特色的环境意境创造及其所表现的城市文明，中国城市设计完全有资格在世界城市史上拥有一席之地。

5. 园林与风景区的经营

中国古代园林与建筑、城市并行发展，古代台囿、秦阿房宫、汉建章宫，以及私家园林的建构，无不与城市、建筑紧密相连；近郊名胜、宗教名山更是历经了千百年沧桑的文化遗产，既富自然景观之美，又兼人文景观之胜，体现出我国独特的山水文化体系与中华民族的人格精神。

6. 崇尚节俭朴素的可持续发展理念

中国古代朴素的可持续发展观念散见于史论各篇，是非常宝贵的思想财富。例如，“古之长民者，不堕山，不崇薮，不防川，不窦泽。”（《国语·周语》）；“苟得其养，无物不长；苟失其养，无物不消。”（《孟子·告子上》）。

（二）中国人居环境发展的深刻教训

中国古代文献难能可贵地记载了不少朴素的可持续发展理念，但在如此漫长的历史阶段中，也存在很多深刻教训，我们应以史为鉴。例如，秦皇汉武建造宫室，“非壮丽无以重威”，于是大量的森林遭到破坏，“蜀山兀，阿房出”；明代的《神木赋》描述了对川西原始森林的残酷滥伐，更使人怆然。另外，中国古代还有一种称为“堕城”的恶习，自春秋战国开始，每攻一国，即废城池。例如，项羽得咸阳后火烧三月，空室尽毁。这是对环境的一种毁灭性的人为破坏。

由于政治、经济、社会的落后，中国古代先进的科学技术未能得到应有的发展。中国错过了18世纪的工业革命，又错过了19世纪的城市大发展，也就谈不上近代城市和建筑的发展了。

中国近代城市和建筑的启蒙较晚。20世纪初，外国建筑师开始来到中国通商口岸城市；20世纪二三十年代，一些中国建筑师学成归国，兴教育、设事务所；中国营造学社也对中国建筑进行了研究与整理等。在这个时期，中国出现了一些不朽的建筑杰作，如南京中山陵、广州中山纪念堂等。蔡元培先生曾说：“居住问题，与衣、食、行并重，虽在初民，无不注意……何况今日社会复杂，事业繁兴，宜其有渠渠夏屋，供其需要；且必有专门人才如建筑师者，以为之指导画策也。”① 这是一位思想家、教育家对建筑与建筑师的作用难能可贵的论述。

对于中国建筑的研究，朱启钤先生认为，一切文化都离不开建筑，并强调要不断吸取外来文化的精华：“盖自太古以来，早吸取外来民族之文化结晶。

---

① 蔡元培.建筑师之认识[M].石家庄：河北科学技术出版社，1985.

直至近代而未已也。”[1] 强调从事中国营造史研究，要先梳理中国营造史，“使漫天归束之零星材料得一整比之方，否则终无下手之处也”。在城市建设方面，实业家张謇在清末民初提出“新政”与“实业救国”的思想，在南通办实业、兴城建。张謇提出要建立新工业区、新港区，与旧城三足鼎立；修马路、兴学校，建博物馆、图书馆、公园、体育场、养老院、习艺所等近代公共设施。这是我国近代新城市建设的第一个成功案例，并通过人为的努力，将振兴经济、服务社会与改善人居环境三者结合，成绩斐然，难能可贵。

20 世纪后半叶，中国进入了一个新的历史时期。中华人民共和国成立之初提出了“变消费城市为生产城市”的计划。为落实第二个五年计划的大规模工业建设项目，在区域范围内联合选厂，建设工业城市与工业镇，建立相关制度。该时期被称为“城市规划的春天”。随着我国经济体制改革的进行，城市概念逐步发展为区域概念，城市与城市规划发展又面临新的形势：由于东西部差距日益显现，国家提出实施“西部大开发”战略，并制定了积极的措施来建设生态环境和治理区域，保护区域生物多样性，还提出了要建设生态城市、重视城市体环境等。这些积极举措都是时代的主流，也激发了建筑、城市规划、经济、社会、考古等多学科参与规划建设发展的研究热情。中国人居环境发展如图 1-7、图 1-8 所示。

当然，目前的问题也是十分严峻的。《北京宪章》中提道：“当今的许多建筑环境仍不尽人意，人类对自然和文化遗产的破坏正危及自身的生存。”在中国，对自然、风景名胜、历史遗产的破坏屡见不鲜。在大规模的建设中存在各种误区和时弊，令人深以为忧。城市可持续发展战略如图 1-9 所示。

全方位的进步和如此集中复杂而又棘手的问题，要求我们冷静地从客观角度思考。现在正是城市化进程的关键时期，如果在之后的 20～30 年内能够在各个方面成功落实可持续发展战略，就可以为今后 100 年甚至更长时间人居环境的繁荣与健康发展奠定基础；反之，则需要我们付出长期的、更为巨大的代价去整治与改善。我们必须看到，在这种情况下落后的专业观念，凭主观意念、不按科学规律办事的决策等，混淆了人们的视听，束缚了人们的想象力与创造力，对此，我们必须要有清醒的认识。

---

① 朱启钤.中国营造学社汇刊一卷一期[M].北京：中国营造学社，1930.

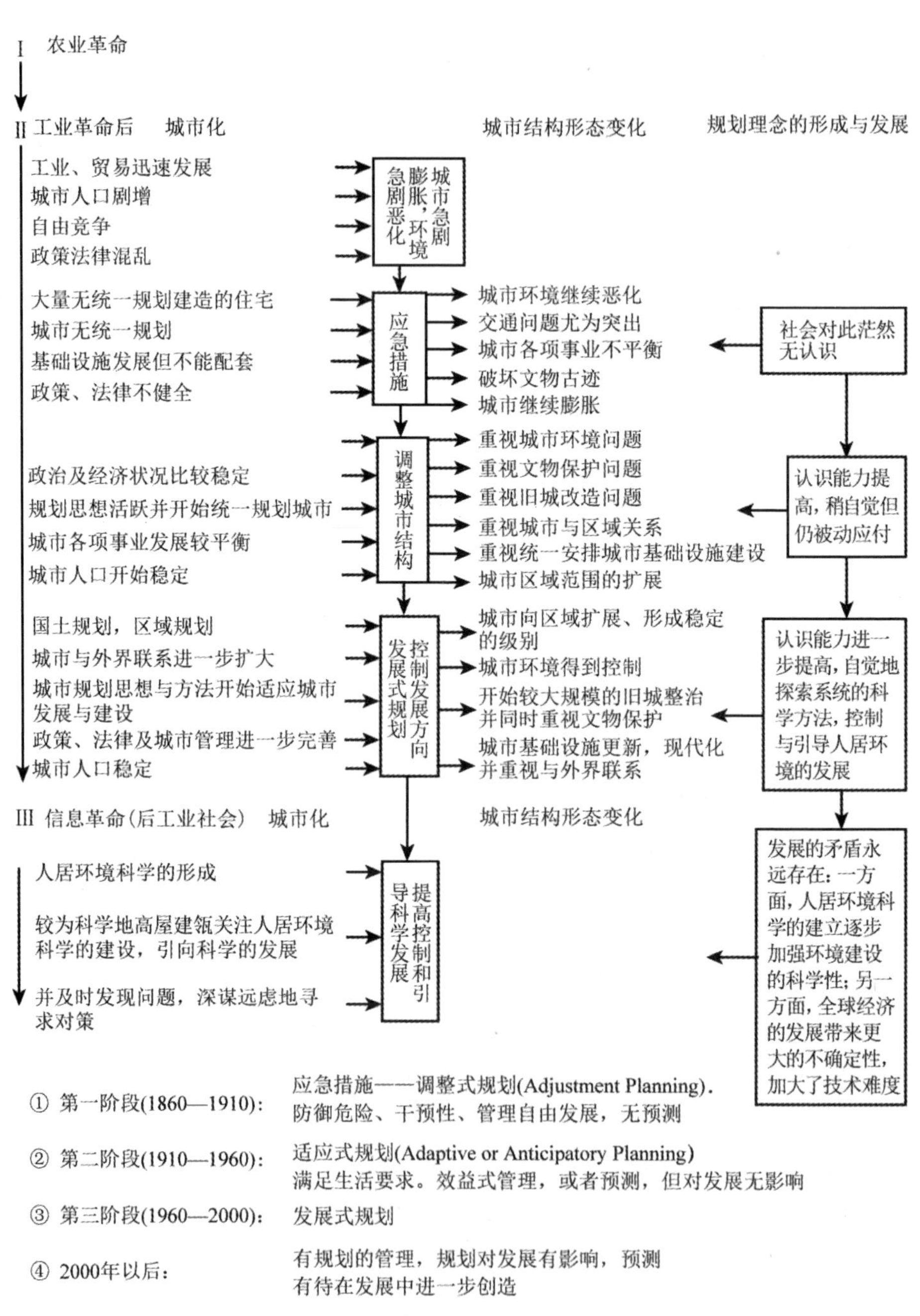

图 1-7 城市规划理念的形成和发展

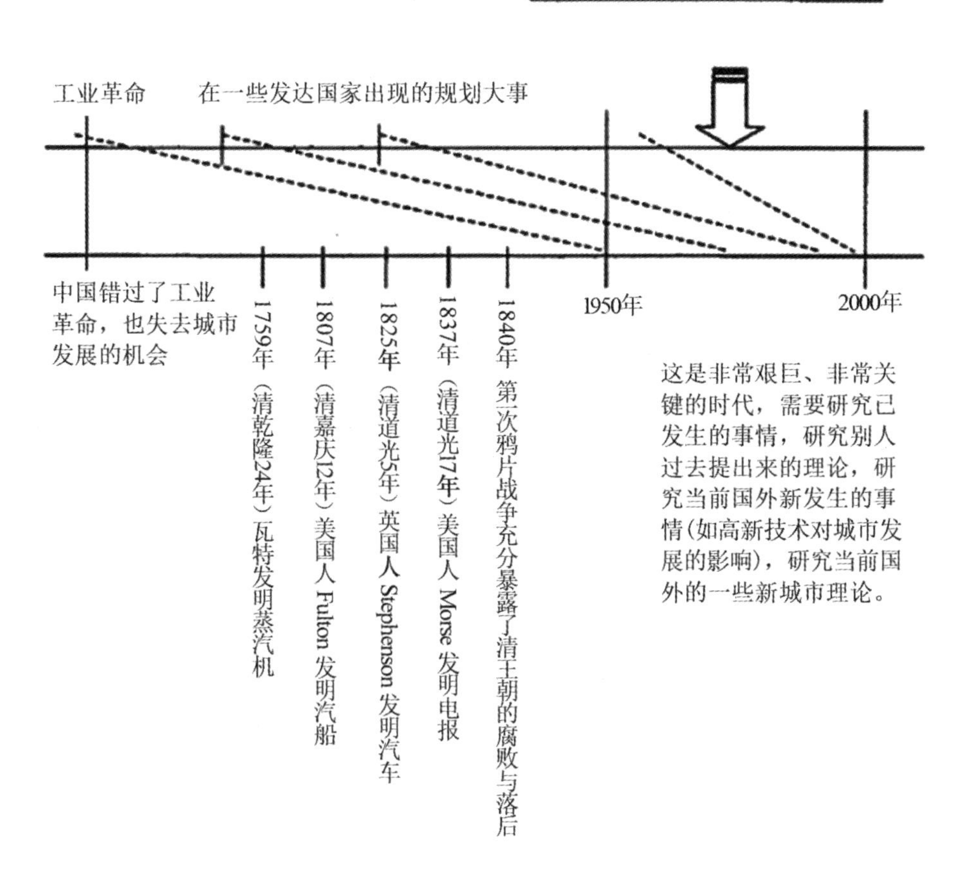

图 1-8 从城市发展的历史进程看中国的规划任务

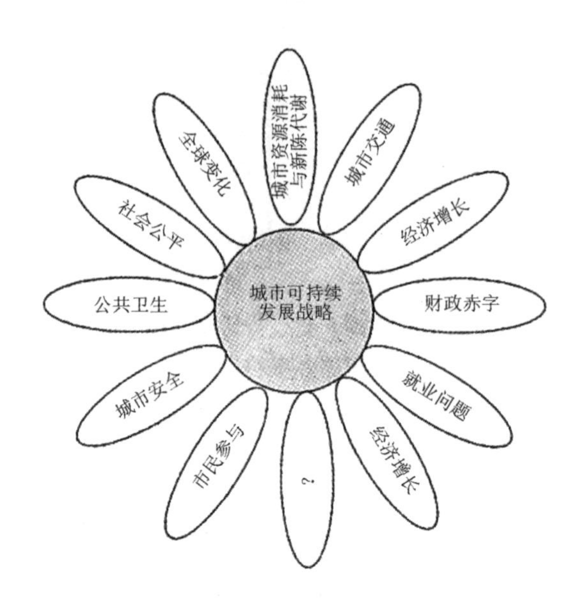

图 1-9　城市可持续发展战略

（三）时代要求高起点发展人居环境科学

根据以上分析，在对西方近代城市规划发展的主流有了基本的认识之后，我们应该认真地思考中国人居环境发展的现状；面对中国目前的发展机遇和挑战，我们应该努力从事宏观的人居环境发展战略的研究；专业工作者应该把研究的重点放在人居环境科学的学术探讨上。①

联合国环境与发展大会（简称“里约会议”）所通过的《21 世纪议程》对建筑业提出了一些重要的战略发展思想，如图 1-10 所示。其中专门设有“人类住区”（Habitat）章节，指出“人类住区工作的总目标是改善人类住区的社会、经济和环境质量，以及所有人的生活和居住目标，特别是城市和乡村贫民的生活和工作环境”，为此它列出了八个发展目标：向所有人提供适当的住房；改善人类住区管理；促进可持续的土地利用规划和管理；促进综合提供环境基础设施（水、卫生、排水和固体废弃物的管理）；促进人类住区可持续的能源和运输系统；促进灾害易发地区的人类住区规划和管理；促进可持续的建筑业活动；促进人力资源开发和能力建设以促进人类住区的发展。会议决议

① 周政霖.浅析人居环境科学发展趋势论[J].科技经济导刊，2017(2)：117.

的意义在于将人类住区（又称人居环境）问题从仅在专业范围的讨论上升为受到世界各国首脑的普遍关注，成为全球性的奋斗纲领。

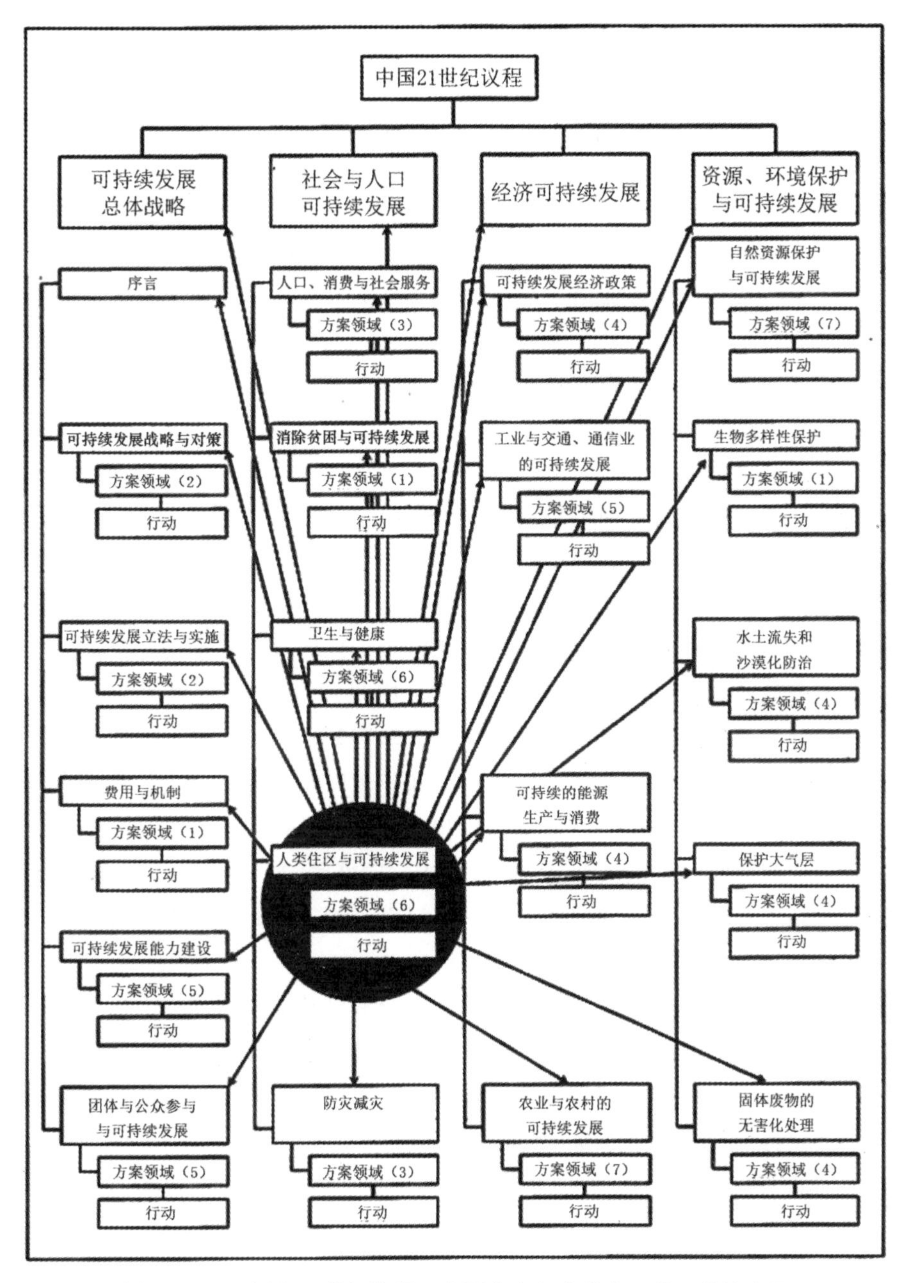

图 1-10 《中国 21 世纪议程》主要内容与人类住区的可持续发展

1992 年里约会议之后，内罗毕联合国人居中心继续进行了一系列课题研究，如 2000 年全球住房建设、城市管理计划、住区基础设施建设、持续发展城市计划、社区发展计划、城市数据管理计划、市政管理教育计划与能力培养战略等。经过全世界的积极准备，1996 年 6 月在伊斯坦布尔召开了第二届世界人居大会（或称城市高峰会议），其议题为“世界城市化进程中可持续发展的人居环境”与“人人拥有适当的住房”。

在这种时代背景下，分析中国城市建设有关问题的工作显得十分重要。首先，与其他行业相比，土建和城乡建设这个大产业在国民经济社会发展中处于重要的地位。其次，建筑业囊括了诸多行业与学科专业，亟待从方法论的角度将它们组织起来，形成建立在整体思维、相互联系基础上的，可以涵盖诸多学科专业的主导思想和共同纲领。我们必须立足中国实际，借鉴世界人类聚居学的成功经验，发展新的学术观念。

人居环境科学得到了有关方面的重视。《中国科学报》1993 年 8 月 23 日第一版以“学部委员吴良镛展望我国建筑事业的明天”为题做了详细报道；周干峙同志将报道整理成题为《中国建设事业的今天和明天》的手册。在这本手册的直接影响下，清华干部会议（即三堡会议）开始酝酿筹建“人居环境研究中心”，该中心于 1995 年 11 月 27 日正式成立；自然科学基金会先后资助了四次关于人居环境的学术会议（昆明、西安、广州、重庆）；清华大学、同济大学开设了有关人居环境的课程；重庆建筑大学召开了有关山地人居环境的国际学术会议等。事实说明，人居环境科学是基于建设需要应运而生的，并且逐渐得到了人们的支持和重视。需要特别提出的是，在 1996 年的“人居二”会议后，我国建设部与联合国人居署（UNHSP）的联系进一步加强。中国积极地推进人居环境建设，一些城市频频获得世界人居奖。在此情况下，需要迫切解决的问题就是中国人居环境学的理论建设。

如果说一百多年前，城市规划学术的先行者以其敏锐的观察力思考了上个世纪遗留下来的问题和经验，奠定了近代城市规划学的基础，那么我国各地轰轰烈烈的建设则为城市规划提供了发展舞台。人居环境科学有可能、也有必要立身于当代科学的前沿，为推动建设事业发展发挥应有的作用。“在我们迈向 21 世纪的时候，我们憧憬着可持续的人类住区，期盼着我们共同的未来。我们倡议正视这个真正不可多得的、非常具有吸引力的挑战。让我们共同来建设这个世界，使每个人都有一个安全的家，能过上有尊严、身体健康、安全、幸福和充满希望的美好生活。”（《伊斯坦布尔人居宣言》）

第二章　城市人居环境可持续发展理论基础

适宜的人居环境是社会发展和人类追寻的理想目标。实际上，任何一座城市都很难做到“适宜”二字，原因在于个体之间对适宜性的评价永远存在差异。城市人居环境会因气候条件、区位条件、社会条件、家庭条件和个人条件的不同而产生差异，其个人福祉和理想需求具有相对性。为避免因个体感知差异而导致不同标准的“适宜性”问题，本研究将从城市空间尺度来整体评价中国城市人居环境。可持续发展理论强调人地关系和谐[①]与经济—社会—环境协调发展。本章将以可持续发展理论为基础，结合城市社会理论和城市人居环境科学理论，参考联合国有关组织、世界卫生组织的分析框架，归纳、提炼出城市人居环境可持续发展的理论框架。

第一节　可持续发展理论

自工业革命以来，工业化大生产导致了严重的环境问题，引起国际社会的广泛重视。1962 年，卡逊（Carson）的《寂静的春天》（*Silent Spring*）一经出版，就引起了社会各界极大的震动。卡逊认为造成“春天寂静”的主要原因是农药和杀虫剂对自然环境、野生动物和人类造成了极大危害。《寂静的春天》一书突出了人类在生态环境破坏中的责任，其中“人类自己使自己受害”的结

① 王恩涌.人文地理学[M].北京：高等教育出版社，2000.

论具有很强的醒世作用。20世纪70年代，著名的民间组织罗马俱乐部（Club of Rome）进一步推动了环境保护运动的发展。1972年，罗马俱乐部发表了《增长的极限》（*Limits to Growth*），在国际上引起了激烈的争论。虽然《增长的极限》关于反对增长的悲观论调遭到了许多尖锐的批评①，但是从历史角度审视它的社会意义②，可以发现它对人口、资源、环境和经济发展的综合性思考对可持续发展理论的形成与完善起到了重要的作用。

一、可持续发展理论的提出

1987年，世界环境与发展委员会（WCED）发表的研究报告《我们共同的未来》首次正式提出“可持续发展”（Sustainable Development）的概念。可持续发展是指“既能满足当代人的发展需求，又不对后代人满足其需求的能力构成危害的发展”。可持续发展的概念一经提出，便受到全球关心环境变迁与人类未来的政府、机构和个人的持续关注。③ 1992年，联合国环境与发展大会通过了《里约环境与发展宣言》和《21世纪议程》。《里约环境与发展宣言》旨在建立一种全新的、公平的全球环境伙伴关系，致力于在尊重各方利益的基础上，通过整体协调实现全球环境保护；《21世纪议程》则是在寻求可持续发展道路的过程中，制定各国政府需要统一遵照执行的纲领性文件。

二、可持续发展理论的发展

迄今为止，在可持续发展理念后续进程中最具影响力的报告包括政府间气候变化专门委员会（Intergovernmental Panel on Climate Change，IPCC）发布的5次报告，以及面向21世纪人类可持续发展评估的研究报告——《千年生态系统评估报告》（*Millennium Ecosystem Assessment*，MA）。

1988年，世界气象组织（WMO）和联合国环境规划署（UNEP）成立了政府间气候变化专门委员会（IPCC）。IPCC是一个政府间的机构，它在全面、

---

① 贾铁飞，刘兰，柳云龙.环境与发展[M].北京：科学出版社，2009.

② [美]德内拉·梅多斯，乔根·兰德斯，丹尼斯·梅多斯.增长的极限[M].李涛，王智勇，译.北京：机械工业出版社，2013.

③ 叶欣诚.我们在世界村中的哪一个位置？——台湾地区环境永续性的指数之计算及分析[J].都市与计划，2002(3)：445-440.

客观、公开和透明的基础上来评估全球气候的变化。IPCC 的主要工作内容包括发表和执行《联合国气候变化框架公约》（*United Nations Framework Convention on Climate Change*，UNFCCC）。1997 年，IPCC 协助各国草拟《京都议定书》，目标是将空气中的温室气体控制在适当的水平。2012 年，IPCC 在丹麦首都哥本哈根召开了全球减排协议会议，目的在于商讨《京都议定书》第一期承诺期后的后续方案，以应对未来气候变迁的行动协议。中国作为负责任的大国，承诺在 2005—2020 年，使中国的单位 GDP 二氧化碳排放量下降 40%～45%。

《千年生态系统评估报告》（MA）旨在推动全球生态系统管理，推进生态学的发展，它是由世界卫生组织、联合国环境署和世界银行联合开展，由全球科学家通力合作于 2005 年完成的国际项目。中国政府和中国学者从一开始就积极参与 MA 的各项工作，为 MA 报告做出了突出的贡献。《千年生态系统评估报告》指出人类赖以生存的生态系统有 60%正处于不断退化的状态，地球上近 2/3 的自然资源已经消耗殆尽。为此，《千年生态系统评估报告》建议将研究生态系统与人类福祉及为社会经济的可持续发展服务作为现阶段生态学研究的核心内容和生态学发展的新方向，首次提出了生态系统的状况和变化与人类的福祉密切相关。

可见，IPCC 的 5 次报告、IPCC 协助并举办的多次缔约方（COP）气候谈判以及《千年生态系统评估报告》都在可持续发展理念上留下了深刻的烙印，都是可持续发展思想与理论的实践。此外，1985 年，由 Henry L. Lennard 发起的国际宜居城市研讨组织（The International Making Cities Livable Conference，IMCL）是宜居城市思想形成的重要标志，也是可持续发展理念内涵的拓展与延伸。IMCL 集中了政治家、开发商、规划师及与宜居城市建设有关的团体和个人，针对宜居城市建设进行经验交流。尽管生态城市、低碳城市、宜居城市与可持续发展理论的产生时间未必同步，但生态、低碳、宜居的城市人居环境标准是可持续发展理念追求的目标，是可持续发展理论在实践中的具体运用。

三、可持续发展理论的哲学思想：生态哲学理论

生态哲学的世界观和方法论将世界当作一个复合系统，是一个人、自然和

社会相互作用、相互影响、相互联系的共同体。美国著名生态哲学家赫尔曼·格林（Herman Green）认为生态学应当与“发展”和“自由”扮演同样的角色，强调涉及人与自然共同体的人类幸福应当取代强调个性幸福的首要性，并逐渐成为时代的主题；他还认为，人类似乎进入了技术、价值与生态两难的尴尬境地。在技术时代，人类社会对自然界的入侵将导致地球的资源被消耗殆尽，严重污染的水体和土壤势必会引起人类共同体的严重堕落。对于以上困境，格林指出，生态时代的来临，为解决这种共同体问题带来一丝曙光。① 生态时代的共同体需要人类广泛参与，它赋予了个体义务和荣誉感，加强了人与非自然之间的联系意识。格林认为，建设生态生活社会是生态时代思想的关键，生态关怀语境意在发挥共同体与自然之间的某种关系，使更多的生活共同体能更好地安置人类在地球上的可行生产方式。生态哲学的一个重要思想来源是过程思想，它建立在怀特海（Whitehead）的哲学思想之上。怀特海的重要著作《过程与实在：宇宙论研究》（*Process and Reality*：*An Essay in Cosmology*）描述了有机与环境，指出“有机体的本质依赖于其环境的本质。但是，环境的本质是共同构成那种环境的实际存在物所组成的各种集合体所具有的诸多特征的总和”②。

四、可持续发展理论是城市人居环境发展的重要引导

可持续发展理论的核心思想包括公平理念、人地关系和谐理念和经济、社会、生态一体化思想。可持续发展一开始关注生态环境，后来延伸到社会公正。在这一背景下，我们的目标是建设可持续发展的、宜人的居住环境。③

（一）可持续发展理论的公平理念

关于可持续发展的公平理念可从其定义入手，即代内公平和代际公平。代内公平是指对一个地区的资源开发利用、经济发展与建设，不会影响和破坏相邻区域的环境；代内公平要求全球各地的人们拥有均等的发展机会，不能因为本国（地区）的发展而影响其他国家（地区）的发展，造成贫富差距。代际公

① ［美］赫尔曼·格林.生态时代与共同体［J］.尹树广，尹洁，译.学术交流，2003(2)：1-9.

② ［英］阿尔弗雷德·诺斯·怀特海.过程与实在：宇宙论研究［M］.杨富斌，译.北京：中国城市出版社，2003.

③ 吴良镛.人居环境科学导论［M］.北京：中国建筑工业出版社，2001.

平是指当今人类的发展与子孙后代对资源与环境的拥有权平等，权利分配不能取决于时间先后，所有人类都应该平等地享有发展机会。

（二）可持续发展理论的人地和谐理念

人地和谐的思想在古代就已经形成。如今，人们的生存方式与生活方式与其生存的环境是否适应，国家（地区）经济结构、能源结构和环境容量之间是否协调，成为评判一个国家（地区）可持续性的重要标准。

（三）可持续发展理论的经济、社会、生态一体化思想

可持续发展应该包括经济繁荣、社会公平和生态和谐，只有它们之间相互匹配、相互协调，才能实现可持续发展。因此，一个城市要实现可持续发展，必须满足经济、社会、生态相互协调，具有高效、安全、健康和人性的特征。实现经济、社会、生态一体化就是最大限度地缓解 PRED 问题，促进人口、资源、环境之间的协调与发展，增强可持续发展的能力。

中国作为世界上经济发展最快的发展中国家，在创造世界经济奇迹的同时，也面临着诸多资源环境压力。中国原油、铁矿石、铜、铝、钾等大宗矿产的对外依存度均超过 50%。[①] 中国还是世界上环境污染最严重的国家之一，按照欧盟和世界卫生组织的标准，中国 90%以上的城市空气污染超标。[②] 在中国的长江、黄河、珠江等十大水系 469 个国控断面中，Ⅰ～Ⅲ类、Ⅳ～Ⅴ类和劣Ⅴ类水质断面比例分别为 61.0%、25.3%和 13.7%，湖泊（水库）富营养化问题突出。

面对越来越严重的生态环境问题，中国政府制定了一系列严格的环境保护政策与措施，推动实现可持续发展观。早在 1994 年，中国就率先编制了《中国 21 世纪议程》。《中国 21 世纪议程》强调了联合国环境与发展大会提出的可持续发展概念内涵，还强调了可持续发展思想的核心是发展。1996 年，中国将“可持续发展”列为两大国家基本发展战略之一。2007 年，中国共产党在十七大报告中首次提出“生态文明”的治国理念。随后，国家“十二五”规划将提高生态文明水平作为努力的方向之一。2012 年，中国共产党在十八大报

① 中国科学院可持续发展战略研究组.2013 中国可持续发展战略报告：未来 10 年的生态文明之路[R].北京：科学出版社，2013.

② 白春礼.坚持科技创新促进可持续发展[J].中国科学院院刊，2012，27(3)：259-267.

告中更是将生态文明建设提升到了与经济建设、政治建设、文化建设和社会建设并列的战略高度，明确了生态文明建设的目标，努力建设美丽中国，努力实现中国的可持续发展。

第二节 城市社会理论

一、古典社会学派理论

欧洲是社会学的重要发源地，社会学家们对城市中产生的各种问题给予了高度关注。德国社会学家滕尼斯（Tönnies）将大城市看作“联组社会”，认为城市生活具有分崩离析、肆无忌惮的个人主义和自私自利、相互敌对的特征，人生活在城市中会“变坏”，大城市是“机械的组合”。法国社会学家杜尔凯姆（Durkheim）则对城市的发展持较乐观的态度，他认为城市社会是以人和人之间的差异性为基础的“有机团结”，通过劳动分工将不同职业的人有机地团结起来。同时，他也意识到这种以劳动分工为特征的“有机团结”存在人与人之间激烈的竞争、人群异质化和疏远化等城市问题。[①] 德国社会学家马克思·韦伯（Max Weber）从历史的角度对城市发展过程中的内在联系进行了较全面的分析，他指出引起现代城市衰退的重要原因是过分依赖资本主义和过分强调利润。如今，处于快速城镇化过程中的中国城市也出现了与当初西方城市出现过的相似问题，如生活在大城市的农民工及其子女所享受的基本公共服务和社会保障与城市居民仍有差距。社会分层、城市内部竞争激烈可能会使人与人之间产生隔阂，从而产生多种“城市病”。

二、人类生态学派理论

在快速城市化的背景下，尤其是第一次世界大战后，世界各地的移民纷纷涌入美国，导致美国城市发展出现严重问题。芝加哥大学社会系教授帕克（Park）敏锐地察觉到了城市的变化，他带领学生对城市进行详细调研，并将

① 康少邦，张宁．城市社会学[M]．杭州：浙江人民出版社，1986．

城市看作商业结构。帕克认为城市商业性淡化了人们过去十分重视的乡土情结、种族和门第，腐蚀了传统的生活方式；他还强调了城市生活的心理因素，认为人们感性的程度比理性的程度低。沃斯（Wirth）系统地总结了先前的城市社会学理论，他在1938年发表的《都市性：作为一种生活方式》（*Urbanism as a Way of Life*）中将城市定义为："城市是一个规模相对较大、密度相对较高、个体社会异质性的居住区。"沃斯认为众多的人口导致人群职业化，进而形成不同的职业结构以及以突出利益为基础的人际关系，都市的纽带变成了相互利用的关系。与杜尔凯姆的观点相似，沃斯认为高密度的人口会促使人们增强容忍度、加深非个性化，人口数量、密度和异质性构成了"都市性"的独特方式。[①] 这种理论在伯吉斯（E. W. Burgess）提出的著名的同心圆模型中也有所体现。

人类生态学社会学家对"城市病"的探讨集中在城市土地利用模式上。芝加哥学派引用达尔文的观点，认为城市人口存在共生关系，而城市资源有限，使共生出现竞争，进而达到一种社区平衡，将城市当作生态过程，包括浓缩、离散、集中、分散、隔离、侵入、接替等过程。古典生态学家还对城市环境会导致精神病态做了讨论。除杜尔凯姆的观点较为乐观外，其他社会学家都不同程度地认为，高密度的城市生活方式会使人们更加孤独、压抑和忧郁，变得世故、冷漠。和乡村集居相比，都市人更容易出现精神病态。现代生态学派不仅从土地利用模式的角度讨论了城市问题，还从文化、类型学、模型等方面对城市问题进行了思考，如文化具有传递性、城市中父辈的贫困会影响下一代的生活状况等。

三、居住分异理论

居住空间分异（Residential Spatial Differentiations）是指不同职业背景、文化取向、收入状况的居民，在住房选择上趋于同类相聚，居住空间分布趋于相对集中、相对独立和相对分化的现象。[②] 如图2-1就非常直观地展示了城市居民住房条件的空间分异情况，聚居越临近越均质，居住空间分异越小；而聚居越孤立越集聚，居住空间分异越大。现实中，由于城市增长多中心化，特定

① 于海.城市社会学文选[M].上海：复旦大学出版社，2005.

② 周伟林，郝前进.城市社会问题经济学[M].上海：复旦大学出版社，2009.

群体集中分布在城市中心的意义不大，但优越的地段基本由富人阶层占据，而贫困阶层的居住条件和居住地段均不佳。马克思·韦伯指出阶级是人类历史发展的必然过程。结构功能学派（Structural Functionalism）认为不平等是现代社会中普遍存在的现象。[①] 结构功能主义以帕森斯的理论学说最为经典。[②] 此外，社会学从分配和机会两个方面探讨了不平等现象：分配的不平等指具有价值的资源，如财富、声望和权力等在社会中分布不均的情况；机会的不平等指个人在社会阶梯位置中，上下流动的可能性不平等。社会学家使用“归咎穷人”（Blaming the Poor）的观点解释了分配的不平等，该观点认为，穷人贫困是由于个人懒惰、浪费、缺乏自律等原因造成的。在对机会不平等的分析中，社会学家认为富人在赋税政策、土地政策和福利政策倾向上有较大的影响力，而穷人则不具备这种能力。通过分析以上观点可知，我们在进行新型城镇化建设时必须要提供基本的公共服务和基础设施环境建设，缩小城市内部、城乡之间居住条件的差异，走可持续发展道路。

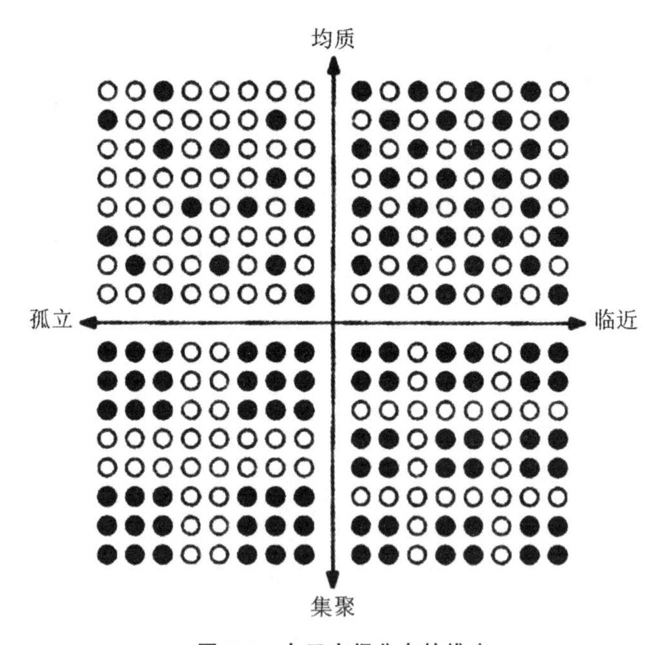

图 2-1　人口空间分布的维度

① 王振寰，瞿海源.社会学与台湾社会[M].台北：台湾巨流图书股份有限公司，2000.

② 贾春增.外国社会学史（第三版）[M].北京：中国人民大学出版社，2008.

第三节　城市人居环境可持续发展科学理论

一、城市人居环境科学理论的雏形

人居环境研究起源于19世纪工业革命时期，在这一阶段西方发达国家工业化进程加快，城市住房问题、城市环境问题、城市交通问题、城市犯罪问题、城市贫困问题等诸多“城市病”随之凸显，于是诸多学者从自身的研究领域出发，积极探讨了改善人居环境的路径。对城市人居环境科学理论的形成影响较大的领域包括建筑学、规划学和社会学领域，代表人物和著作主要有霍华德的《明日：一条通向真正改革的和平道路》、盖迪斯的《演化中的城市》、芝加哥社会学派勒·柯布西耶（Le Corbusier）的《明日之城市》、赖特（Wright）的《广亩城市》（*Broadacre City*）、芒福德的《城市发展史》（*The City in History*）、沙里宁（Saarinen）的《城市：它的发展、衰败与未来》、简·雅各布斯（Jane Jacobs）的《美国大城市的死与生》（*The Death and Life of Great American Cities*），见表2-1。

表2-1　早期探索人居环境的代表人物与主要思想

时间	人物与代表作	主要思想
1898年	霍华德《明日：一条通向真正改革的和平道路》	从社会改良的角度，利用城乡通婚的方法，提出兼容了城市和乡村的理想城市。
1915年	盖迪斯《演化中的城市》	将研究建立在客观现实的基础上，提出将自然地区作为规划研究的基本框架。
20世纪20年代	芝加哥社会学派代表人物伯吉斯、帕克、沃斯《作为一种生活方式的城市性》	创建城市社会学，利用实地调查的方法对大城市进行详细调研，关注城市新移民生活问题。沃斯认为不同的职业形成了不同的职业结构，从而发展为以突出利益关系为基础的人际关系。
1922年	勒·柯布西耶《明日之城市》	主张利用技术手段增加建筑高度，使建筑向高层发展，增加人口密度。

续表

时间	人物与代表作	主要思想
1935年	赖特《广亩城市》	与柯布西耶持相反观点，主张反集中的空间分散。
1938年	芒福德《城市发展史》	传承盖迪斯的理论，集哲学、文化、建筑、历史于一体，指出“感情上的交流，将成为城市连续存在的主要理由”。
1942年	沙里宁《城市：它的发展、衰败与未来》	提出有机疏散理论，指出城市是一个有机体；将城市内部空间结构（要素）比喻为细胞，健康的细胞有利于城市发展，不健康的细胞则需要通过“外科手术”去除。
1961年	简·雅各布斯《美国大城市的死与生》	对霍华德、芒福德等城市规划与发展理念提出质疑，强调宜居城市应是安全的城市，提出解决城市贫民窟的方法。

二、城市人居环境科学理论的确立

20世纪50年代，希腊建筑师道萨迪亚斯通过系统地阐述人类聚居学，初步建立了人类聚居学理论。道萨迪亚斯在20世纪30年代系统地研究了古希腊的城市生活环境。第二次世界大战后，道萨迪亚斯观察到，城市规划对应城市问题的技巧并没有深刻认识到人类聚居的本质——真正改善人类生活环境的质量。道萨迪亚斯认为，需要创立一门能够真正理解城市聚居和乡村聚居的规律，指导人们正确进行人类聚居建设活动的学问，即人类聚居学。

吴良镛立足于中国国情，结合了道萨迪亚斯等先驱者的研究成果，建立了人居环境科学。20世纪80年代中期，吴良镛提出广义建筑学，指出广义建筑学的五项核心要素为聚居、地区、科技、文化和艺术。① 1999年，吴良镛根据广义建筑学和人居环境科学理论基础起草的《北京宪章》得到了国际建筑协会的认可。2001年，吴良镛出版了《人居环境科学导论》，为我国人居环境科学研究的学科体系与理论奠定了基础。吴良镛定义了人居环境科学的一般原

① 吴良镛.广义建筑学[M].北京:清华大学出版社,1989.

则，强调了人居环境科学的跨学科性、交叉性与融贯性。吴良镛认为，新形势下人居环境科学发展应具有七大趋势：(1) 以人为本，关注民生；(2) 重新审视并重视空间战略规划；(3) 发扬生态文明，推动人居环境的绿色革命；(4) 统筹城乡发展，完善我国城镇化进程；(5) 吸收优秀文化，创造符合国情的“第三体系”；(6) 重视人居环境教育；(7) 共同缔造美好环境与和谐社会。在新的形势下，人居环境科学应该向“大科学·大人文·大艺术”的方向发展，如图 2—2 所示。

联合国人类住区规划署（简称“联合国人居署”）发布了《2017 年度进展报告》，指出城市发展规划面临气候变化与环境问题、人口结构变迁与城市化适应性、经济增长的不确定性及金融危机的扰乱性、不平等的社会空间等多种挑战。这些问题不仅是可持续发展问题，还是改善全球人居环境的关键问题，与人类的切身利益息息相关。

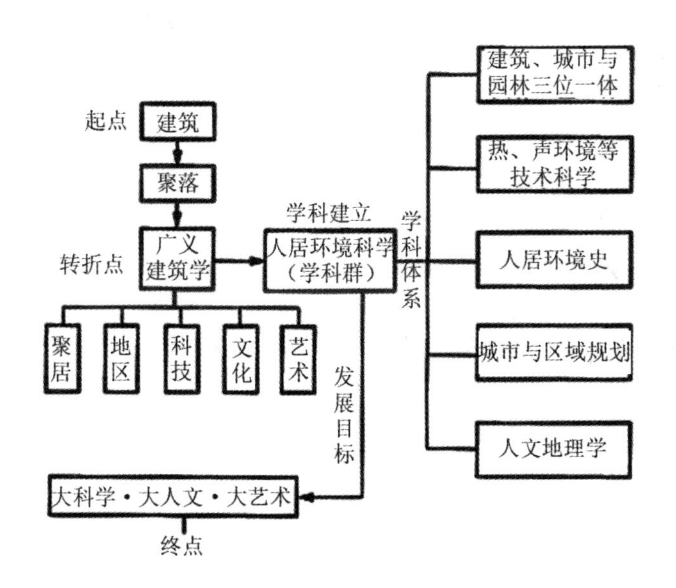

图 2—2 吴良镛对人居环境科学发展趋势的归纳

三、国内学者对城市人居环境理论的研究

城市规划学家赵万民对山地人居环境科学的研究成果显著。1996 年以来，赵万民以三峡为研究对象，将人居环境科学理论与三峡移民安居和城市规划建

设的实际问题结合起来①，探讨山区人居环境的规划方法、理念，创新可持续的理论，提出了西南山地人居环境“序列＋结构”的整体历史发展研究思路②，并努力发展山地人居环境理论；还提出了山地人居环境学研究的三大目标，即理论建设、实践运用和培养人才。③ 风景园林学家刘滨谊从景观环境设计规划的角度首次提出了人类聚居环境学三元论哲学基础，他认为聚居建设包括建筑、城市、景观三元，聚居活动包括聚集、居住、工作三元，聚居背景包括自然环境、农林环境、生活环境三元。④ 此外，他还认为人类聚居环境学是在人类居住（Human Settlement）和环境科学（Environmental Sciences）的基础上发展而成的，只有走可持续发展的规划设计，才能实现人类聚居环境的优化。⑤ 城市学家宁越敏对人居环境的内涵、评价方法和优化原则有着独到的见解，首次提出了人居硬环境和人居软环境的概念，并以大都市——上海为例，对其人居环境演化过程、人居环境与经济发展之间的相关关系进行了实证研究，提出了大都市人居环境优化原则以及人居环境优化的调控措施。⑥

学者李雪铭持续关注人居环境的研究，他将对人居环境的研究概括为人居环境评价、人居环境研究的理想模式、居住空间、人居环境预警和人居环境的社会性五个方面。⑦ 李雪铭进一步总结了近十年来人居环境研究的成果，指出人居环境空间差异、人居环境系统性、人居环境景观、人居环境模拟与预测，以及人居环境可持续发展等，研究取得了突破性进展。⑧

四、基于多学科多视角的城市人居环境研究

张文忠、谌丽和杨翌朝认为，目前有越来越多的学者开始关注人居环境科

① 赵万民.山地人居环境科学研究引论[J].西部人居环境学刊，2013(3)：10-19.

② 李旭，孙国春，赵万民.“序列＋结构”——西南山地人居环境历史发展研究的整体观[J].城市发展研究，2009，16(2)：137，142-144.

③ 赵万民.关于山地人居环境研究的理论思考[J].规划师，2003，19(6)：60-62.

④ 刘滨谊，毛巧丽.人类聚居环境剖析——聚居社区元素演化研究[J].新建筑，1999(2)：18-64.

⑤ 刘滨谊.人类聚居环境学理论为指导的城郊景观生态整治规划探析——以滹沱河石家庄市区段生态整治规划为例[J].中国园林，2003，19(2)：30-33.

⑥ 宁越敏，查志强.大都市人居环境评价和优化研究——以上海市为例[J].城市规划，1999(6)：15-20.

⑦ 李雪铭，李建宏.地理学开展人居环境研究的现状及展望[J].辽宁师范大学学报(自然科学版)，2010，33(1)：112-117.

⑧ 李雪铭，夏春光，张英佳.近10年来我国地理学视角的人居环境研究[J].城市发展研究，2014，21(2)：6-13.

学，使人居环境科学逐渐变为一个开放的学科体系，地理学、城市规划学、人类聚居学和生态学都从各自的角度分析了人居环境科学。[①] 2004 年，李雪铭从地理学综合性的特征出发，通过结合人居环境与经济、规划、人口分布、城市化、旅游等诸多领域，揭示了人居环境与经济、规划等要素之间的关联性[②]。由此可见，人居环境科学是一门综合性非常强的学科，它的内容随着经济社会的发展而日益丰富。从吴良镛建立人居环境科学的脉络可知，建筑学是人居环境科学体系的起点。随着时间的推移，规划学、园林学、地理学、技术科学等学科会不断地加入对人居环境科学的研究，使人居环境科学的研究成果日益丰富。

第四节　城市人居环境可持续发展研究框架

一、联合国人居署的研究框架

联合国人居署的城市指标项目（Urban Indicators Program）为城市人居环境评价研究提供了参考。联合国人居署的城市指标项目经历了四个阶段。第一个阶段（1988—1993 年）侧重构建住房指标，该指标体系是联合国人居署与世界银行的合作项目，收集并评价了 1991—1992 年全球 53 个国家的主要城市的住房和城市政策相关数据。第二个阶段（1993—1996 年）的指标为策应 1996 年的“人居二”会议而建立，该指标体系包括住房、健康、交通、能源、水资源供应、卫生、就业、城市可持续发展、公共参与、地方管制、妇女权益等方面。第三个阶段（2003—2006 年）强调监测人居议程和 2000 年的发展目标，该指标体系除强调改善住房条件外，还突出了社会公平性问题，如提出到 2020 年在全球范围内改善 1 亿贫困住户的生活状况的目标。第四个阶段（2009 年以后）旨在收集世界范围内城市层面的数据，以反映城市人居议程的

---

① 张文忠，谌丽，杨翌朝.人居环境演变研究进展[J].地理科学进展，2013，32(5)：710-721.

② 李雪铭，夏春光，张英佳.近 10 年来我国地理学视角的人居环境研究[J].城市发展研究，2014，21(2)：6-13.

进步。联合国人居署第四阶段的城市指标项目是以2016年召开的“人居三”会议为导向。这些指标体系不仅进一步配合、充实、完善了2000年的评估标准，还具备一定的前瞻性。其评估的创新之处在于，数据收集按照不同的区域处理，采用以城市群代表城市的评估方法，对全球人居环境国别的比较、分析具有一定优势，但若改变评估空间尺度，则不利于城市人居环境评估的准确性。

二、世界卫生组织的研究框架

世界卫生组织于1961年提出人类基本生活要求的四个理念：安全性、保健性、便利性和舒适性。安全性是指规避风险、维持生命；保健性是指维持健康；便利性是指消除日常生活中的不便；舒适性是指维持生活的丰富和愉悦。根据世界卫生组织的研究框架，日本学者浅见泰司在世界卫生组织的基础上增加了可持续性评价。其中，安全性评价包括居住环境安全性、日常安全性和灾害安全性；保健性评价包括居住环境的保健性、“水土气”污染；便利性评价包括居住环境的便利性；舒适性评价包括居住环境、生活环境的舒适性；可持续性评价包括居住环境、经济、社会和环境的可持续性。①

三、人居环境：开放的复杂的系统

道萨迪亚斯在20世纪70年代提出了一个巨大的人类聚居模型，模型纵列的258项元素中共有258个组成因子，派生出258×258（66 564）种关系；横列有15个聚居单位、10个时间变量以及10个评价因素，共1 500项；模型的横纵列中共有1亿个节点。也就是说，在道萨迪亚斯的人类聚居理论框架模型中需要准确找到1亿个确定位置，并将这1亿个确定位置的所有联系表示出来，再进行评价。吴良镛认为如果没有研究重心，对1亿个节点一一进行分析，在有限的时空和资源条件下是无法完成的。针对人居环境研究的复杂性问题，吴良镛提出应采用以问题为导向，将人居环境所面对的诸多复杂的内容和过程简化为若干简单的方面，综合集成的方法。

依据人居环境相关理论，参考联合国人居署、世界卫生组织的研究框架和

① ［日］浅见泰司.居住环境：评价方法与理论［M］.高晓路，译.北京：清华大学出版社，2006.

吴良镛针对人居环境研究中复杂性问题的求解之道，本书将复杂的城市人居环境研究内容加以凝聚，以快速城镇化过程中的居住、环境、公共服务等民生问题为导向，运用地理学时空分析的手段，评价并研究城市人居环境，为解决中国城市人居环境存在的问题提供借鉴。考虑到人居环境的整体性，理论框架中的城市人居环境包括居住条件、城市环境质量、基础设施与公共服务，以及地形、降雨等自然条件和其他因素这五大要素，如图 2-3 所示。本书主要研究居住条件、城市环境质量、基础设施与公共服务这三个因素。城市人居环境各要素之间呈现平行和并列的关系，若将城市人居环境作为一个整体，各要素都是城市人居环境的重要组成部分，不可分割。

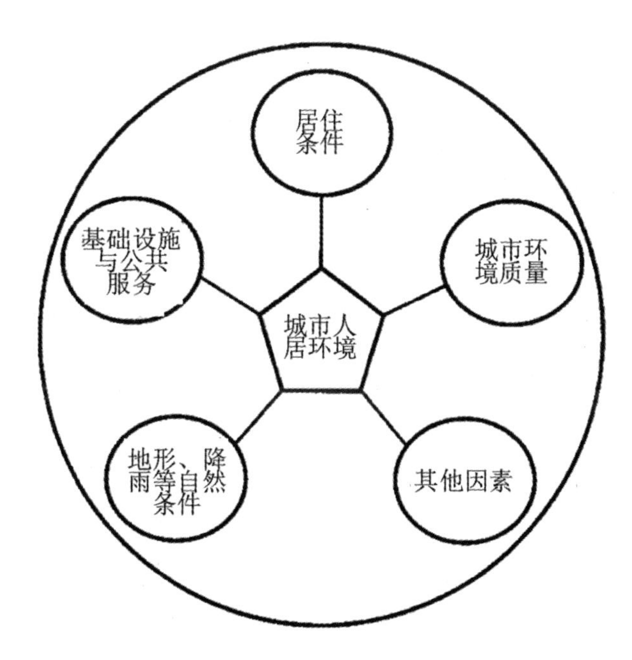

图 2-3 城市人居环境“环”状

第三章 城市人居环境可持续发展的内涵、构成及原则

通过理论研究与建设实践的努力，研究者探索出一种以改进、提高人居环境质量为目的的多学科群组，结合包括自然科学、技术科学、人文科学中与人居环境相关的部分，形成了新的学科体系——人居环境科学。

第一节 城市人居环境的内涵

人居环境与人类生存活动密切相关，是人类在大自然中赖以生存的基地，是人类利用自然、改造自然的主要场所。按照对人类生存活动的功能作用和影响程度，人居环境在空间上又可分为生态绿地系统与人工建筑系统两大部分。

有人说："科学作为一个整体也可以被看成是一个巨大的研究纲领，科学内在的力量能够激励人们完整地认识和说明整体。"人居环境科学就是围绕地区开发、城乡发展及其诸多问题展开研究的学科群，它结合了一切与人类居住环境的形成与发展有关的学科，如自然科学、技术科学与人文科学等。

以下是研究人居环境科学的最基本的前提。

（1）人居环境的核心是人，人居环境研究满足人类居住需要的目的；

（2）大自然是人居环境的基础，人的生产生活以及具体的人居环境建设活动都离不开广阔的自然背景；

（3）人居环境是人类与自然之间发生联系和作用的中介，人居环境建设本身就是人与自然相联系和作用的一种形式，理想的人居环境是人与自然和谐与统一；

（4）人居环境内容复杂。人在人居环境中结成社会，进行各种各样的社会活动，努力创造宜人的居住地，并进一步形成更大规模、更为复杂的支撑网络；

（5）人创造人居环境，人居环境影响人的行为。人居环境示意图及五个子系统组合方式，如图 3-1 所示。

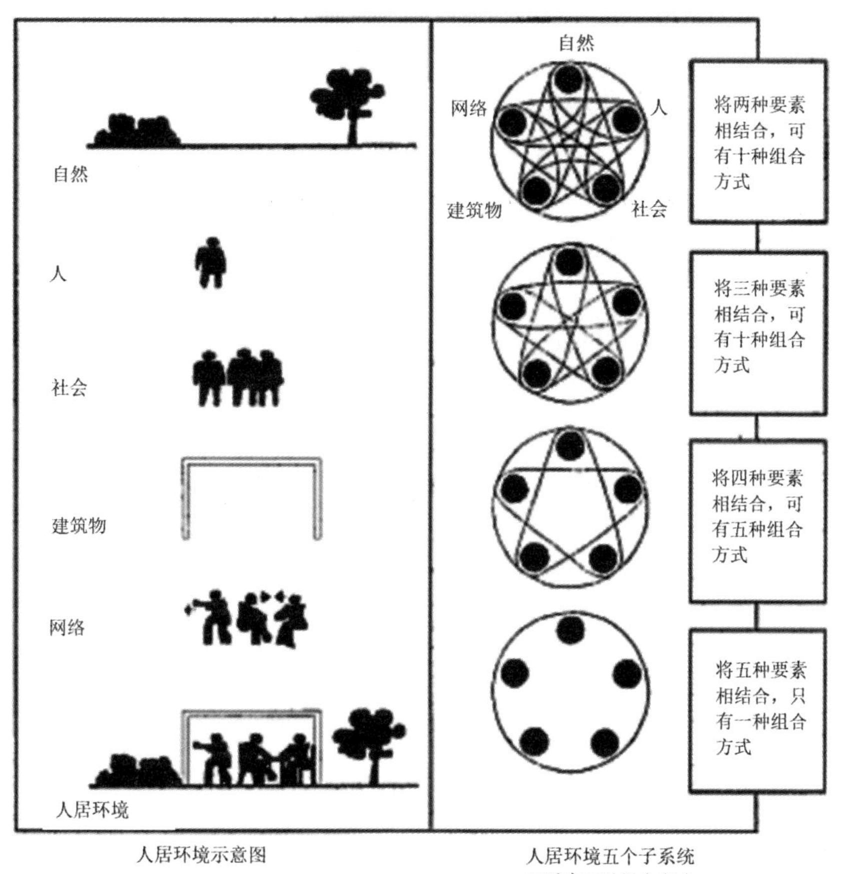

图 3-1　人居环境示意及五个子系统组合方式示意图

第二节 城市人居环境的构成

一、人居环境的五大系统

通过道氏学说的分析方法，可将人居环境按照内容划分为五大系统，如图 3-2 所示。

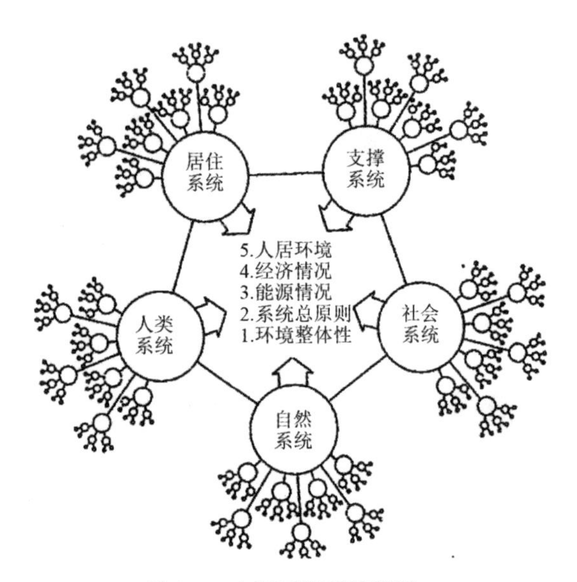

图 3-2 人居环境系统模型

（一）自然系统

自然指气候、水、土地、植物、动物、地理、地形、环境分析、资源、土地利用等。整体自然环境和生态环境是聚居产生并发挥功能的基础，是人类安身立命之所。自然资源，特别是不可再生资源，具有不可替代性；自然环境变化具有不可逆性和不可弥补性。

自然系统侧重于与人居环境有关的自然系统的机制、运行原理及理论和实践分析。例如，区域环境与城市生态系统、土地资源保护与利用、土地利用变迁与人居环境的关系、生物多样性保护与开发、自然环境保护与人居环境建设、水资源利用与城市可持续发展等。

在全球城市人口比例迅速增加的同时，应更加重视严峻的地球生态环境问题。

（二）人类系统

人是自然界的改造者，也是人类社会的创造者。

人类系统主要指作为个体的聚居者，侧重于对物质的需求与人的生理、心理、行为等有关的机制及原理的分析。

（三）社会系统

社会就是人们在相互交往和共同活动的过程中形成的相互关系。人居环境的社会系统主要是指公共管理和法律、社会关系、人口趋势、文化特征、社会分化、经济发展、健康和福利等，涉及由人群组成的社会团体相互交往的体系，包括由不同地方、阶层、社会关系等人群组成的系统及有关的机制、原理、理论和分析。

社会的发展和变化通过人的活动来实现，人的活动贯穿在社会的各个方面。社会生产是人改造自然界的活动。人们为了生产物质生活资料而结成的生产关系是生产的社会形式。人居环境建设与传统建设观点的最大不同之处就在于，用聚居论的观点看待生活的环境，不仅可以看到聚落空间及其实体，还可以看到生活于其中的人们的行为等。①

人的社会属性决定了他们不同的生活需要，因此，也就需要合理地组织各种生活空间。人居环境应在地域结构和空间结构上适应人与人之间的关系特点，包括家庭内部之间、不同家庭之间、不同年龄之间、不同阶层之间、居民和外来者之间的种种关系，从而促进整个社会的和谐幸福。因此，我们应当重视城市建设、经济与社区管理、乡村脱贫与区域可持续发展等方面的问题。

人居环境建设应强调人的价值和社会公平。从根本上说，公平并不是单纯的经济学概念，它还包含伦理学意义。人居环境的规划建设，必须要考虑到人以及人的活动，这是人居环境科学的出发点和最终归属。

---

① 吴良镛.广义建筑学[M].北京：清华大学出版社，1989.

（四）居住系统

居住系统主要指住宅、社区设施、城市中心、人类系统、社会系统等需要利用的居住物质环境及其艺术特征。

居住问题仍然是当代重大问题之一，也是中国目前的重大问题之一。住房不仅是一种商品，还是促进社会发展的强有力的工具。

由于城市是公民共同生活和活动的场所，所以人居环境研究的一个战略性问题就是如何安排共同空地（即公共空间）和所有其他非建筑物及类似用途的空间。

（五）支撑系统

支撑系统是指为人类活动提供支持的服务于聚落，并将聚落联为整体的所有人工和自然的联系系统、技术支持保障系统，以及经济、法律、教育和行政体系等。它对其他系统和层次会产生巨大的影响。

关于五大系统的综合说明如下。

（1）每个大系统又可分解为若干子系统；

（2）在五大系统中，人类系统与自然系统是两个基本系统，居住系统与支撑系统则是人工创造与建设的结果。在人与自然的关系中，和谐与矛盾共生，人类必须面对现实，与自然和平共处，保护并利用自然，妥善地解决人与自然的矛盾，即必须坚持走可持续发展道路，如图 3-3 所示；

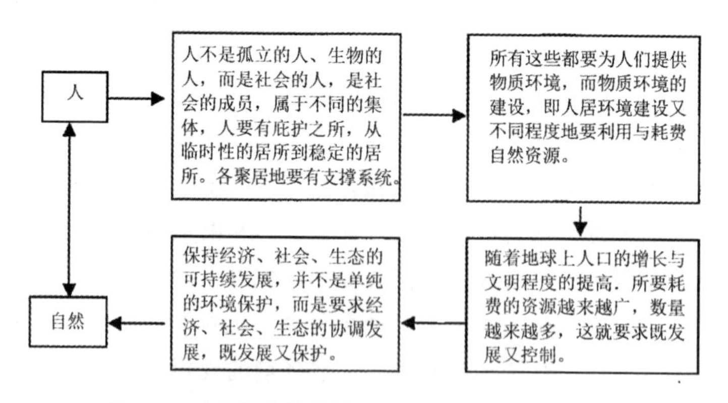

图 3-3　以人与自然的协调为中心的人居环境系统

（3）人、自然与社会要协调发展；

（4）五大系统中都有面向持续发展的问题。在研究实际问题时，应善于分析，寻找各相关系统间的联系；

（5）在人居环境科学研究中，建筑师、规划师以及其他参与人居环境建设的科学工作者都要自觉地选择若干系统来进行交叉组合（2～3 个或更多的子系统）。当然，这种组合不是概念游戏，而是对历史的总结，对现实问题的敏锐观察与深入研究，以及对未来大趋势的掌握与超前的想象。

必须说明，将人居环境划分五大系统只是为了方便研究，我们还应当看到它们相互联系的地方。

一个良好的人居环境是指既达到作为“生物的人”在这个生物圈内存在的多种条件的满足，即生态环境的满足；又达到作为“社会的人”在社会文化环境中需要的多种条件的满足，即人文环境的满足。

二、人居环境的五大层次

人居环境的另一个重大问题就是人居环境的层次观。不同层次的人居环境单元不仅居民量不同，内容与质的变化也不同。道氏学说就突出了层次的观念。道萨迪亚斯发现，在人类聚居建设的实践中，人们对聚居的类型和规模缺乏统一的认识，于是他建议根据统一的尺度标准来划分人类聚居的类型和规模。他以自身丰富的实践经验为基础，经过长期的思考和归纳，提出人类聚居的分类框架，即根据人类聚居的人口规模和土地面积的对数比例，将整个人类聚居系统划分为 2 个地带。详情见表 3-1、图 3-4 和图 3-5。

表 3-1　人居环境类型 12 个地带的数值比例

12 个地带	道氏 12 个地带比例（%）	中国 12 个地带比例（%）	子类百分比（%）		子类面积（km²）
1. 原始地带	40	58.13	—	—	54 996 667.09
			林	8.83	835 348.97
			草	29.51	2 804 682.18
			不可用土地	19.06	1 803 401.90
			水体	0.59	56 234.04

续表

12个地带	道氏12个地带比例（%）	中国12个地带比例（%）	子类百分比（%）		子类面积（km^2）
2. 不可居留地区	17	8.63	—	—	816 820.81
			林	6. 47	612 495.20
			草	2. 16	204 325.61
3. 允许暂时居留地区	10	8.06	—	—	762 809.29
			林	4.43	418 761.53
			草	3.64	344 047.76
4. 允许居住的地区	8	1.51	—	—	142 991.46
			林	0.85	80 203.39
			草	0.61	57 818.08
			不可用土地	0.01	4 969.99
5. 永久居留的地区	7	0.55	—	—	52 501.47
			林	—	45 980.43
			草	—	5 575.69
			不可用土地	—	945.35
6. 传统垦殖区	5.5	10.14	—	—	959 488.09
7. 现代垦殖区	5	8.93	—	—	845 257.52
8. 人类体育娱乐区	5	1.21	—	—	114 250.00
9. 低密度居住区	1.3	2.24	—	—	212 097.50
10. 中密度居住区	0.7	0.33	—	—	31 103.04
11. 高密度居住区	0.3	0.08	—	—	7 438.10
12. 工业区	0. 2	0. 18	—	—	16975.90

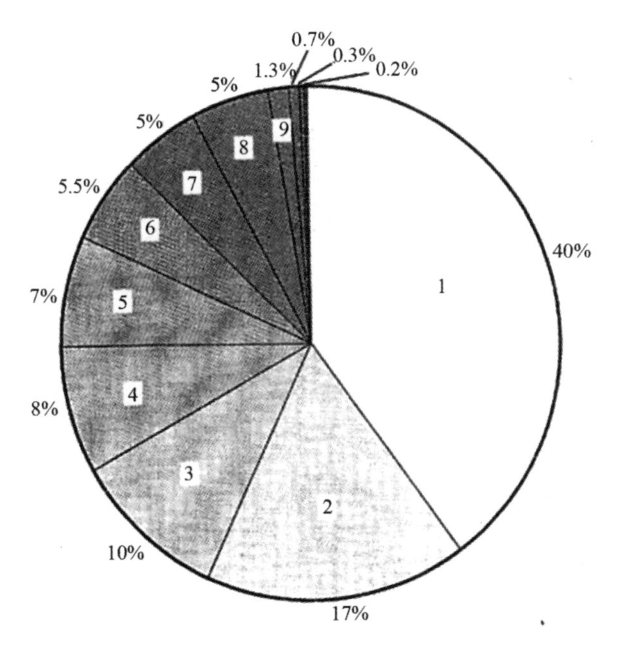

图 3-4　全球居住环境类型 12 个地带面积比例

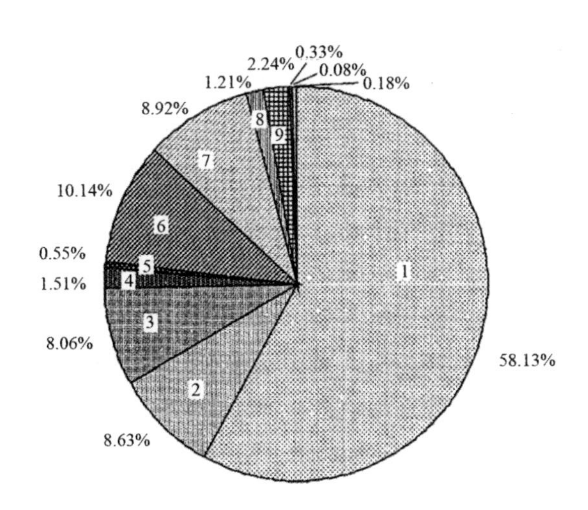

图 3-5　中国人居环境类型 12 个地带面积比例

从个人到邻里为第一层次，是小规模的人类聚居；从城镇到大城市为第二层次，是中等规模的人类聚居；后五个单元为第三层次，是大规模的人类聚居。各层次中人类聚居单元的特征大致相似。

道萨迪亚斯在《建设安托邦》(*Building Entopia*)一书中，为简明起见，又把15个聚居单位归并为10个层次，即家具、居室、住宅、居住组团、邻里、城市、大都市、城市连绵区、城市洲、普世城。

根据人类聚居的类型和规模，将其划分为不同的层次，对开展人居环境研究来说是十分有利和有必要的。为简便起见，在借鉴道氏学说的基础上，吴良镛根据中国存在的实际问题和对人居环境研究的实际情况，初步将人居环境科学划分为全球、区域、城市、社区(邻里)、建筑等五大层次。

(一) 全球

我们应把眼光放在影响全球的重大问题上，如人类共同面临的全球气候变暖、能源和水资源短缺、热带雨林被破坏、环境污染等。

(二) 区域

一位城市规划专家在《城市设计环境伦理》一书中指出，荷兰的城市建设与西欧其他国家相比较为成功。虽然荷兰的国家规划政策历史并不悠久，但是它经过修改和完善，变得越来越有成效。荷兰在资源有限的条件下采取了有效的国家规划和管理政策，使区域发展避免了由高密度人口集聚造成的建设环境混乱问题，可以说是世界范围内地区城市规划设计的典范之一。荷兰的国家规划政策具有综合性、重视自然、充分考虑相关因素等特点，涉及社会生活和经济生活的各个方面，包括对环境的考虑、强烈的生态感、团体和个体的倾向性、保护绿地和控制都市发展用地等。在规划的制定和实施方面，荷兰规定了国家、省和地方三级之间的序列关系。荷兰的规划和管理政策主要集中在土地再造系统、城市发展控制以及人口分布这三个主要问题上。

中国幅员辽阔，各地的自然条件、历史文化背景、经济发展水平、当前的建设情况等方面都不同，因此，中国的人居环境发展有着明显的不平衡性，特别是东部发达的沿海地区与中西部不发达的内陆地区，差距十分明显。

(三) 城市

城市这一层次涉及的问题很多，也很集中，主要内容有以下五点。

(1) 土地利用与生态环境的保护，这是最核心的内容;

(2) 支撑系统，如能源、交通、通信等基础设施；

(3) 各类建筑群的组织。要充分重视公共建筑与居住区的规划建设，特别是要把住房放到首要位置；

(4) 环境保护。对环境污染与自然灾害、人为灾害必须要有切实的防护措施；

(5) 城市环境艺术。一个良好的城市并不是建筑物、构筑物的堆积，而是舒适、宜人的环境。

(四) 社区（邻里）

邻里是城与建之间重要的中间层，如图 3-6 所示。

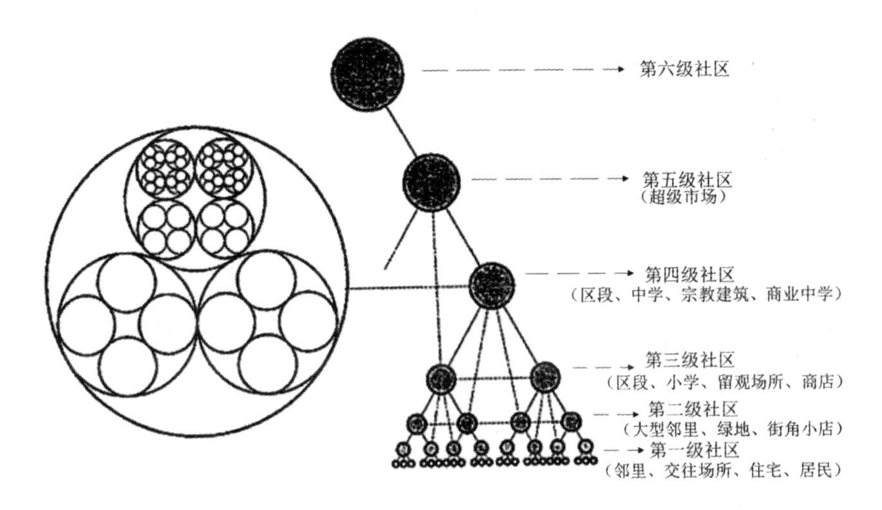

图 3-6 社区的等级层次体系

就城市结构系统而言，邻里可称分区、片区；就社会组织而言，可称社区、邻里；就城乡关系而言，可称村镇等。

(五) 建筑

建筑是为了遮风雨、避寒暑而建造的庇护所（shelter）。以此为基础，对建筑加以技术和艺术的创造，便产生了建筑学（architecture）。这种人类活动的产品，既包含物质内容，也包含精神内容，反映了人类文明的进步。

建筑的发展建立在人类生产力和技术发展的基础上。应全面地看待建筑与国家发展、社会进步、科学发展、人民生活环境提高以及文化艺术发展的关系。

第三节　城市人居环境可持续发展的五大原则

一、正视生态困境，提高生态意识

人类与自然相互依存，人类保护生物的多样性，保护生态环境不被破坏，归根结底，就是在保护自己。

人口压力和发展需求使资源短缺、环境恶化等全球性的问题变得更为严峻；工业污染物的排放正在侵蚀地球的空气、水体和土壤，改变整个生物圈赖以生存的自然条件；局部地区的自然生态系统的运行机制和生态平衡已经遭到破坏；城市的蔓延、边际土地的开垦、过度放牧等现象加快了自然环境的破碎化和荒漠化进程；自然生态系统被不断挤压、分割，导致物种减少、土地沙化。

我们必须提高危机意识，在规划中增加生态问题的内容，贯彻可持续发展战略。为此，我们应做到以下五点。

（1）以生态发展为基础，加强社会、经济、环境与文化的整体协调；

（2）加强区域、城乡发展的整体协调，维持区域范围内的生态完整性；

（3）促进土地利用综合规划，形成土地利用的空间体系，制定分区系统以调节和限制建设及旅游等活动，避免自然敏感地区及物种聚集地区由于外围污染造成生态退化，提供缓冲区和景观水平的保护，确保开发的持续性和保护的有效性；

（4）建立区域空间协调发展的规划机制与管理机制，加强法制意识及普及教育，提高当地人民的参与度，从整体协调中获得城乡的可持续发展；

（5）提倡生态建筑，尽量减少建设活动对自然界产生的不良影响。

二、人居环境建设与经济发展良性互动

如今，住宅建设已成为国民经济的支柱产业，区域的基础设施建设对促进经济发展产生了重要的影响。在此过程中，我国与世界其他地区和国家之间的联系日趋紧密，不断提出新的建设要求，这就要求我们做到以下几点。

（1）决策科学化。基本建设决策的失误会造成巨大的浪费[①]，所以要做好任务研究和策划，按科学规律、经济规律办事，以节约大量的人力、物力和财力；

（2）要确定建设的经济时空观，即在浩大的建设活动中，要综合分析成本与效益，立足于现实的可能条件，最大限度地提高各个环节的系统生产力；[②]

（3）要节约各种资源，减少资源浪费。资源短缺是制约开展人居环境建设的客观条件，因此，我们必须努力节约各种资源，减少浪费，以实现经济、人居环境建设的可持续发展。

三、发展科学技术，推动经济发展和社会繁荣

科学技术对人类的社会生活以及城市和区域发展都有积极的、能动的作用。ISo CaRP《千年报告》明确提出："新技术将对城市和区域规划，以及城市的发展产生全面的影响。"科技给人类社会带来的变化是一个新的文化转折点[③]，需要从社会、文化和哲学等方面综合考虑技术的作用，妥善运用科技成果，人居环境建设也不例外。

四、关怀广大人民群众，重视社会发展整体利益

人类面临从以经济增长为核心向社会全面发展转变，我们要关注人的发展需求，坚持以人为本。人类社会全面发展是把生产和分配、人类能力的扩展和使用结合起来的发展观。它从现实出发，分析社会的所有方面，包括经济增

① 吴良镛."人类聚居学"与"人居环境科学"[M].北京:中国建筑工业出版社,1999.

② 吴良镛. 广义建筑学 [M]. 北京：清华大学出版社，1989.

③ [美]弗里乔夫・卡普拉.转折点——科学・社会和正在兴起的文化[M].卫飒英.李四南,译.成都:四川科学技术出版社,1988.

长、贸易、就业、政治行为以及文化价值。

人类将更多地关注经济增长过程中的自身发展和自我选择，重视人的生活质量。如今，虽然经济水平得到了提高，但是人们未必能生活在一个具有人情味的环境中。人们认识到以追求利润为动机建造城市来满足少数人的利益是完全错误的。城市建设不仅仅是建造建筑，更重要的是创造文明。

应为幼儿、青少年、成年人、老年人、残疾者建设满足不同需要的室内外生活和休憩空间。加强防灾规划与管理，减少人民生命与财产的损失，发扬以社会和谐为目的的人本主义精神。重视社会发展，开展社区研究，进行社区建设，发扬自下而上的创造力。合理组建人居社会，促进包括家庭内部、不同家庭之间、不同年龄之间、不同阶层之间、居民和外来者之间乃至整个社会的和谐幸福。

五、科学追求与艺术创造相结合

在经济、技术发展的同时强调文化的发展，具有两层含义。

第一，文化内容广泛。就居住环境来说，应为科学、技术、文化、艺术、教育、体育、医药、卫生、游戏、娱乐、旅游等活动提供各种不同的空间。

第二，文化环境建设是人居环境建设的最基本的内容之一。对于一个城市和地区的经济、技术发展来说，文化环境非常重要。因为如果脱离了文化基础，任何一种经济概念都不可能得到彻底的思考。城市最好的经济模式是关心人和陶冶人。①

为此，我们一方面要通中外之变。全球化是必然趋势，中国文化与世界文化的交流与结合势必会影响到人居环境中人文内涵的拓展，因此，要积极推动东西方文化交流，研究东西方人居文化的精华。另一方面，要通古今之变。中国历史悠久，具有深厚的文化历史传统，这是人居环境建设的宝贵资源，我们应当研究历史，发挥东方城市规划理念与人居文化的独创性，继往开来、融合创新，注意转型期的研究，建设文化氛围浓厚、健康、积极的居住地域。

我们要将科学追求与艺术创造结合。法国作家雨果曾满怀深情地赞颂巴黎

---

① [法]弗朗索瓦·佩鲁.新发展观[M].张宁，丰子义，译.北京：华夏出版社，1987.

圣母院："这个可敬的建筑物的每一个面，每一块砖，都不仅是国家历史的一页，还是科学史和艺术史的一页。"此语明确说明了建筑中科学和艺术的综合性。福楼拜说过："越往前进，艺术越要科学化，同时科学也要艺术化；两者在塔底分手，在塔顶汇合。"科学追求与艺术创造殊途同归，将理性的分析与诗人的想象结合，目的在于提高生活环境的质量，赋予人类社会生活情趣和秩序感，这正是人类在地球上生存的基本条件。

更进一步讲，人居环境的灵魂在于它能够调动人们的心灵，在客观的物质世界里创造更加深邃的精神世界。我们在建设人居环境时，必须努力使科学追求与艺术创造相结合，使之拥有长远的感染力。

生态观、经济观、科技观、社会观、文化观，即发展中国人居环境科学的五项原则。当然，任何事物之间都充满着矛盾，五项原则之间也是如此。人居环境建设必须根据特定的时间、地点条件，统筹兼顾五项原则，不断解决前进道路中的矛盾。

第四章 可持续发展视域下城市环境质量分析与研究

环境质量是衡量人居环境评价的重要指标，而环境污染则是“城市病”的重要表现。改革开放以来，中国经济持续快速增长，GDP总量由1978年的3 645.20亿元增加到2017年的827 121.70亿元，跃居世界第二大经济体。然而，由于中国的经济增长主要以粗放型为主，在经济快速增长的同时，付出了较大的生态环境代价，空气污染、水质污染、土壤污染、噪声污染等给中国城市人居环境带来了极大的负面影响。[①] 本章将重点针对中国城市空气质量展开研究。

第一节 文献回顾

随着工业化和城镇化进程的快速推进，中国的环境污染问题逐渐显现。李建新认为世界发达国家工业化历程中的“先发展，后治理”问题在中国不可避免，只有坚持可持续发展，经济发展与环境污染之间的倒“U”形曲线拐点才能早日到来。沈满洪从环境经济学的角度出发，认为导致环境问题的制度原因在于市场失灵和政府失灵。鸟越皓之从环境社会学的角度出发，指出需要站在生活的角度去思考环境治理，通过NPO（非营利组织）、NGO（非政府组织）等民间组织共同应对环境问题。[②] 中国城市环境问题反映在空气污染、水体污

① 姚士谋，冯长春，王成新，等.中国城镇化及其资源环境基础[M].北京：科学出版社，2010.

② [日]鸟越皓之.环境社会学——站在生活者的角度思考[M].宋金之，译.北京：中国环境科学出版社，2009.

染、土壤污染、噪声污染等诸多方面。由于雾霾频发，空气污染成为人们关注的首要环境问题。

目前，有关空气污染的研究集中在对空气污染现状特征分析、空气污染的负面影响等方面。赵克明等学者利用2013年1—3月的时空数据和气象数据探讨了乌鲁木齐空气污染的时空特征。朱可珺和徐建华指出在判断空气污染时人们总是参考当地经济社会发展水平，还应结合污染源、植被覆盖、健康状况等多种因素综合考虑。刘丽霞、凌肖露和郭维栋则从气象学的角度探讨了空气污染对长三角城市群气象要素和能量平衡的影响。在对空气污染影响因素的分析上，杨德保、王式功和黄建国探讨了兰州市区空气污染与气象条件的关系，发现两者具有显著相关关系。① 在空气污染源研究方面，高汝熹认为上海的空气污染主要由煤烟、二氧化硫排放和机动车尾气等造成。② 丁强、高雪玲和赵蓓等人指出城镇生活污染及机动车尾气排放是影响西安市空气质量的主要因素。③ 王庆新、赵伟和赵光影认为汽车尾气、能源结构、建造施工的二次扬灰、工业布局等是影响哈尔滨空气质量的重要因素。

第二节　城市环境污染分析研究

一、环境污染问题

（一）空气污染

在造成空气污染的诸多因素中，能源燃烧排放污染物是最主要的一项。④ 二氧化硫、氮氧化合物、微小颗粒物等都与能源消耗密切相关。由于人为排放的空气污染物越积越多，导致空气污染程度加深。空气质量持续恶化，不仅危害人体健康，而且会对生态系统产生负面影响。

历史上出现过很多因空气污染导致的公害事件。例如，具有世界影响力的

---

① 杨德保，王式功，黄建国.兰州市区空气污染与气象条件的关系[J].兰州大学学报，1994(7)：132-136.

② 高汝熹.高汝熹文集[M]，上海：上海社会科学院出版社，2004.

③ 丁强，高雪玲，赵蓓，等.西安市环境空气质量状况成因分析[J].环境研究与检测，2014(3)：45-49.

④ 毛文永.环境・生活・健康[M].北京：科学出版社，1986.

八大公害事件中有五大事件都与空气污染相关，这五大事件分别是比利时马斯河谷事件、宾夕法尼亚多诺拉事件、洛杉矶光化学烟雾事件、伦敦烟雾事件和四日事件。

工业化过程中的中国，其空气污染问题正深刻影响着居民的身体健康。《2000 年全球疾病负担评估》报告专家组联合主席指出，在过去 20 年内，中国因空气污染所致的疾病负担增加了 33%。2016 年由清华大学和美国健康影响研究所（HEI）领导的一项综合研究《中国燃煤和其他主要空气污染源造成的疾病负担》发现，2013 年，中国有 36.6 万人因燃煤导致的空气污染而过早死亡。

中国的空气污染以煤烟型污染为主，其主要污染物为二氧化硫、烟尘和工业粉尘等，1989—2016 年全国废气主要污染物排放量，见表 4-1。

表 4-1　1989—2016 年全国废气主要污染物排放量（单位：万吨）

年份	二氧化硫排放量			烟尘排放量			工业粉尘排放量
	合计	工业	生活	合计	工业	生活	合计
1989	1 564	—	—	1 398	—	—	—
1990	1 495	—	—	1 324	—	—	781
1991	1 622	—	—	1 314	—	—	579
1992	1 685	—	—	1 111	—	—	576
1993	1 795	—	—	1 416	—	—	617
1994	1 825	—	—	807	—	—	583
1995	1 397	—	—	845	—	—	630
1996	1 396	—	—	758	—	—	562
1997	2 346	1 852	494	1 873	1 565	308	1 505
1998	2 092	1 593	497	1 408	1 175	233	1 322
1999	1 858	1 460	398	1 159	953	206	1 175
2000	1 995	1 612	383	1 165	953	212	1 092
2001	1 948	1 567	381	1 070	852	218	991
2002	1 927	1 562	365	1 013	804	209	941
2003	2 158	1 791	367	1 048	846	202	1 021

续表

年份	二氧化硫排放量			烟尘排放量			工业粉尘排放量
	合计	工业	生活	合计	工业	生活	合计
2004	2 255	1 891	364	1 095	867	208	905
2005	2 549	2 168	381	1 183	949	234	911
2006	2 589	2 235	354	1 089	865	224	808
2007	2 468	2 140	328	987	771	216	699
2008	2 321	1 991	330	902	671	231	585
2009	2 214	1 866	348	847	604	243	524
2010	2 185	1 864	321	829	603	226	449
2011	2 217	1 870	347	2 404	—	—	450
2012	2 118	1 835	283	2 338	—	—	421
2013	2 044	1 724	320	2 227	—	—	395
2014	1 974	1 699	275	2 078	—	—	342
2015	1 859	1 587	272	1 851	—	—	302
2016	1 103	723	380	1 394	—	—	280

由表 4-1 可知，工业污染物排放比重远超生活排放。虽然国家对空气污染物排放总量进行了控制，但是中国的工业二氧化硫、工业烟尘和工业粉尘的排量基数和总量都较大，因此，中国的节能减排和对污染物排放总量的控制需继续加强。

（二）水质污染

与空气质量问题类似，中国的水质状况同样不容乐观。十大流域水质、重点湖泊和水库水质以及地下水水质都反映出这一点，如图 4-1 所示。

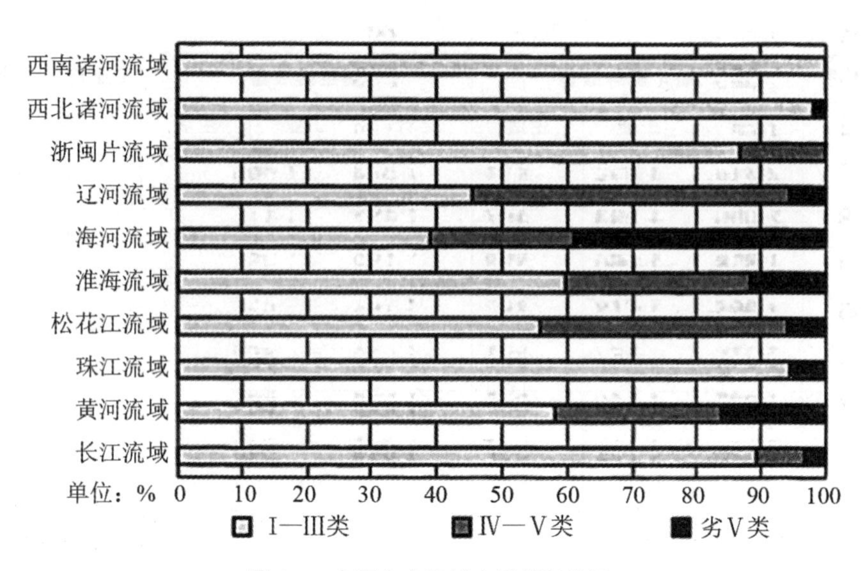

图 4-1　中国十大流域水质状况比重

中国环境状况公报显示，全国地表水总体轻度污染，部分城市河段污染较重。河流主要污染指标为化学需氧量（COD）、高锰酸盐指数和五日生化需氧量（BOD5）。西南和西北诸河流域的水质状况较好，Ⅰ—Ⅲ类水质比例分别为100%和98%；水质仅次于西南和西北诸河流域的有珠江流域和长江流域，Ⅰ—Ⅲ类水质比例分别为94.40%和89.40%；海河流域和辽河流域的水质状况较差，Ⅰ—Ⅲ类水质比例分别为39.10%和45.50%，其中海河流域劣Ⅴ类水质比例高达39.10%，是全国十大流域中劣Ⅴ类水质比例最高的流域。黄河流域和淮河流域劣Ⅴ类水质的比例分别为16.10%和11.70%。Ⅳ类和Ⅴ类水质比例较高的流域有辽河流域和松花江流域，分别达到49.10%和38.60%。

至于全国重要湖泊和水库的水质状况，水质优的比例为27.87%、水质良好的比例为32.9%，全国重要湖泊和水库受不同程度的污染比例达39.34%，其中重度污染比例为11.48%。水体富营养化、中营养化和贫营养化的湖泊和水库比例分别为27.80%、57.40%和14.80%。重点监视的太湖、巢湖和滇池都受到不同程度的污染，其中滇池的污染最为严重，滇池的综合营养状态指数高达68，处于重度富营养状态，见表4-2。

表 4-2　重点湖泊水质状况及受污染比重

类型	优		良		轻度污染		中度污染		重度污染		合计
	数量（个）	占比（%）	数量（个）	占比（%）	数量（个）	占比（%）	数量（个）	占比（%）	数量（个）	占比（%）	
三湖①	0	0.00	0	0.00	2	66.67	0	0.00	1	33.33	3
重要湖泊②	5	16.13	9	29.03	10	32.26	1	3.23	6	19.35	31
重要水库③	12	44.44	11	40.74	4	14.82	0	0.00	0	0.00	27
合计	17	27.87	20	32.79	16	26.23	1	1.64	7	11.47	61

说明：①三湖是指太湖、巢湖和滇池；②重要湖泊包括淀山湖、达赉湖、白洋淀、贝尔湖、乌伦古湖、程海、洪泽湖、阳澄湖、小兴凯湖、兴凯湖、菜子湖、鄱阳湖、洞庭湖、龙感湖、阳宗海、镜泊湖、博斯腾湖等湖泊；③重要水库包括尼尔基水库、莲花水库、大伙房水库、松花湖、崂山水库等水库。

地下水的污染程度更严重。2017 年全国地下水质监测显示：监测点中有 66.6%的地下水质受到不同程度的污染，水质优良的比例为 24.6%，水质较好的占 8.8%。地下水受污染主要反映在总硬度、溶解性总固体、硫酸盐、氯化物等严重超标。

（三）环境事件

在生态环境污染的过程中，隐性污染比显性污染的危害更大，如技术不过关的企业不按规定排放污染物质，虽无明显污染，但排放目的地却遭受持续的环境破坏。近年来，中国出现了一些重大环境事件，见表 4—3。

表 4—3　近年来中国重大环境事件

时间	事件	简述
2011 年	大连 PX 项目事件	抗议建设二甲苯（PX）化工项目群体性事件。事件结果：政府妥协，停止 PX 项目建设，并将其搬迁。

续表

时间	事件	简述
2013年	中国严重雾霾	迄今为止中国最严重的空气污染事件。华东、华北等地区空气质量指数达到六级严重污染级别。事件结果：待加强治理。
2014年	内蒙古腾格里沙漠排污事件	内蒙古阿拉善左旗额里斯镇沙漠因企业污水排放，形成巨型排污池。事件结果：成立调查组，对污染事件调查。
2015年	宜昌锰业排污致水体污染	湖北宜昌蒙特锰业随意排放污水，导致被污染河道难以恢复原貌。
2017年	史上最严重空气污染	2017年底上海、南京等华东地区遭遇最严重的空气污染，上海多地多次出现PM 2.5数据超过500。此外，广东甚至海南地区同样遭遇雾霾侵袭。

（四）公众对环境污染的感知

环境感知（Environmental Perception）有广义与狭义之分。广义环境感知是指个体周围的环境在其头脑中形成的映像（Image）以及这种映像被修改的过程。狭义的环境感知仅指环境质量在个体头脑中形成的印象。[①] 下面我们就利用公众对当今中国生态环境问题心理感知的数据库来分析中国生态环境问题。

习近平总书记提出“中国梦”理念，指出要促进政治、经济、文化、社会、生态文明五位一体建设。生态文明是“中国梦”的重要组成部分。2014年，为纪念中国梦提出两周年，新华网发展论坛在《新华调查》中发放了“‘中国梦’两周年——如何让APEC蓝成为生活新常态”的网络问卷调查。

调查结果显示，以“雾霾”为代表的空气污染对公众的日常生活产生非常大的影响，人们印象最深刻的生态环境问题有雾霾、水污染等，如图4-2、图4-3所示。具体调查问题包括：

① 彭建、周尚意.公众环境感知与建立环境意识——以北京市南沙河环境感知调查为例[J].人文地理.2001,16(3):21-25.

（1）最近几年，令你感受最深刻的生态现象是什么？

（2）你认为以雾霾为代表的空气污染，对你的生活造成了多大的影响？

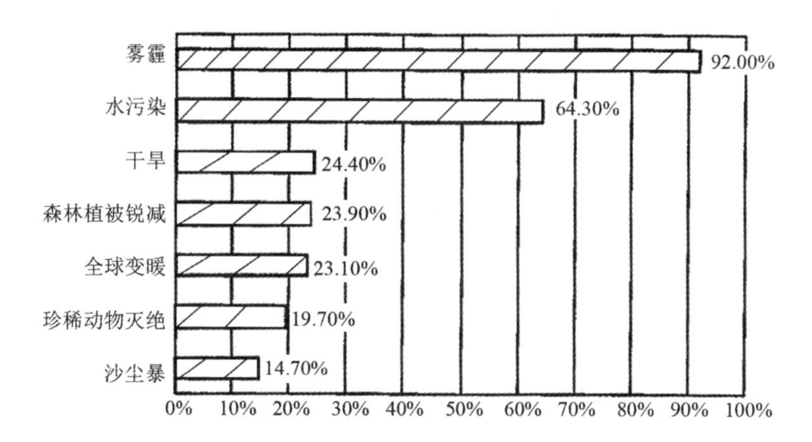

图 4-2　公众对近几年生态环境的感知

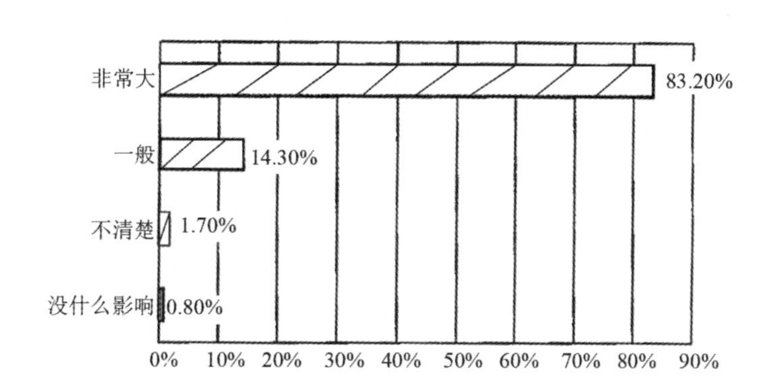

图 4-3　公众关于空气污染对生活的影响程度感知

新华网的调查显示，空气质量问题是当前公众最为关注的环境问题，尤其是雾霾。但是新华网的调查属于网络问卷，抽样方法可能存在偏差，如不经常访问新华网的用户不能够参与到问卷调查中。由于 2013 年是我国首次出现雾霾天气的时间，2011 年到 2014 年的数据可以清晰地反映公众从不关心到关心的过程，故笔者收集了 2011 年 1 月 1 日至 2014 年 12 月 1 日中每月 1 日、10 日和 20 日的“雾霾”搜索指数，如图 4-4 所示。

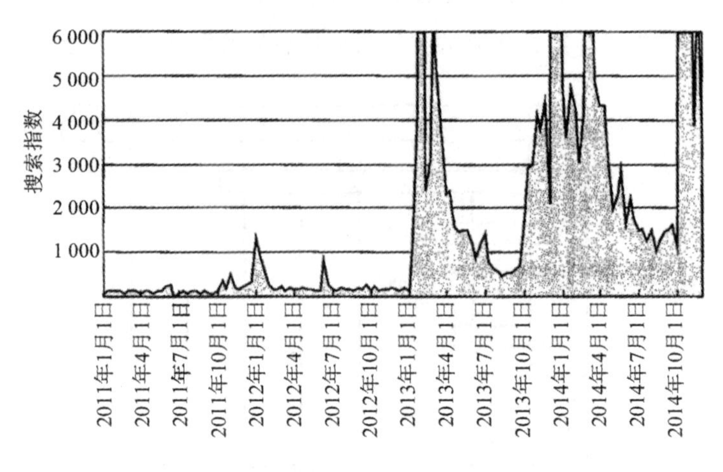

图 4-4　雾霾搜索指数时间序列

雾霾是当今中国公众最为关心的环境问题之一，这与新华网的调查结果一致。搜索指数“雾霾”具有两个特点：一是冬季的搜索指数“雾霾”大于夏季；二是随着时间推移，搜索指数“雾霾”趋于增大。搜索指数“雾霾”的最大值为 74 848，最小值为 0。2011 年、2012 年、2013 年和 2014 年的平均值分别为 149、263、5 025 和 4 372。雾霾需求图谱中相关的热门搜索检索词有“PM 2.5”、“北京雾霾”、“雾霾天气形成的原因”、“雾霾的危害”等；舆情管家中浏览热度最高的是“雾霾中毒怎么办”。这些都表现出公众对雾霾天气的关心。在关注雾霾的人群地域分布上，人群画像显示北京、上海、天津、南京、杭州、郑州、青岛、深圳、广州、和宁波 10 座城市的搜索指数较高。

二、环境问题的理论解释

(一) 环境库兹涅茨曲线

美国经济学家西蒙・史密斯・库兹涅茨（Simon Smith Kuznets）提出收入分配状况随着经济发展过程呈现倒“U”形曲线。1992 年，美国的两位经济学家 Grossman（古斯曼）和 Kureger（克鲁格）在研究环境污染与经济增长之间的关系时，发现两者呈现倒“U”形曲线关系，因此，他们提出了环境库兹涅茨曲线（EKC）假设。他们提出的 EKC 假设认为，在没有环境政策干预的前提下，一个国家的整体环境质量或者污染程度随经济增长呈现出先恶化后改善的趋势。即经济增长加剧了环境污染，而当经济增长到一定程度时，环境污染达到最大值。世界银行的穆纳斯基（Munasighe）对 EKC 进行了补充，他认为人类的发展存在三种不同的 EKC：

（1）不计环境成本的 EKC 会导致并超出一定的阈值；

（2）部分考虑环境成本的 EKC，会使环境峰值降低，这种模式需要清洁环境技术和环境法律的双重改革；

（3）大部分消除环境成本的 EKC，将经济发展对环境破坏程度降到最低，要求全方位的改革环境经济发展。

穆纳斯基的观点实际上考虑的是经济发展与环境成本之间的关系。当经济发展到一定程度，人们对生态人居环境的要求会越来越高。贝克尔曼（Beckerman）认为随着人均国民收入水平的提高，人们会更倾向于服务性产品，从而减少对污染较严重的资源依赖型产业的需求，环境质量自然会提升。[①] 当今中国生态环境状况堪忧，生态环境峰值或者拐点是否即将到来，需要对 EKC 进行验证，如图 4-5 所示。陆虹利用 1975—1996 年的中国人均 GDP 和人均 CO_2 数据对 EKC 进行了验证，结果发现人均 GDP 和人均 CO_2 之间存在交互影响关系[②]。李周和包晓斌认为中国的 EKC 拐点并没有到来[③]。

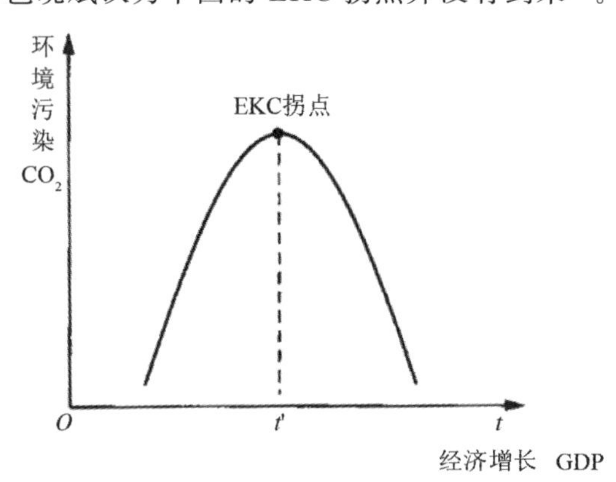

图 4-5　经济增长与环境污染关系

---

① 马树才，李国柱.中国经济增长与环境污染关系的 Kuznets 曲线[J].统计研究，2006(8)：37－40.

② 陆虹.中国环境问题与经济发展的关系分析——以空气污染为例[J].财经研究，2000(10)：54－60.

③ 李周，包晓斌.中国环境库兹涅茨曲线的估计[J].科技导报，2002(4)：57－58.

（二）A 模式、B 模式和 C 模式

按照美国学者布朗的观点，国家经济发展的模式可分为两种，一种为 A 模式，另一种为 B 模式。A 模式是一种粗放的生产方式，其发展理念不可持续。今天，世界上很多资源与环境问题都由 A 模式造成。布朗认为，中国的快速发展不能照搬 A 模式，假如中国走美国的 A 模式道路，到 2031 年中国消耗的纸张将是目前世界消耗量的两倍，全世界的森林将荡然无存。为应对世界资源和能源危机，维持世界经济可持续发展，布朗提出经济增长与资源环境消耗完全脱钩的 B 模式。B 模式追求城市发展超过生态门槛之后的退后式发展，即在城市人居资源能源消耗量超过世界人居资源能源消耗量的条件下，强调低碳可再生能源、物质再生利用和能效革命。

B 模式的主要内容有：

（1）到 2020 年减少 80%的 CO_2 排放量；

（2）世界人口稳定于 80 亿或更少；

（3）消除贫困；

（4）恢复地球的自然系统，包括土壤、地下含水层、森林、草地和渔场。

诸大建、何芳、霍佳震整合了布朗的观点，提出了城市可持续发展模式，如图 4-6 所示。图中的 A 模式和 B 模式即布朗提出的两种发展模式，C 模式是介于 A 模式和 B 模式之间的一种发展模式，是追求城市发展在生态门槛极限内的前进式发展，在没有突破生态门槛极限的前提下继续增加效率。

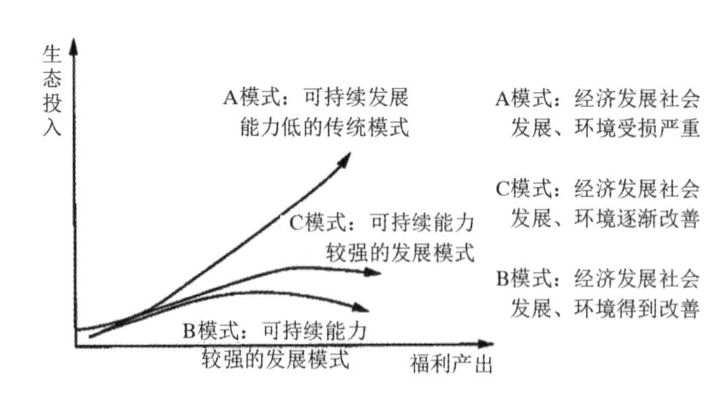

图 4-6　城市可持续发展模式

显然，B模式对中国城市可持续发展具有重要参考价值，但由于中国的国情和区域发展阶段不同，B模式未必完全适用于中国，原因在于西方国家历经数百年的时间才完成工业化，中国要实现工业化必然要在限定的条件下付出一定的负面代价（如环境问题）。因此，适合中国城市化的C模式应运而生。C模式是经济发展与资源能源消耗相对可持续发展的发展形式，即在城市人均资源、能源消耗量不超过世界人均资源、能源消耗量的条件下，继续增加人均资源、能源消耗量，但要提高资源、能源利用效率，提高城市经济发展水平和人居生活水平。[①] 中国地域辽阔，区域差异巨大，东部发达地区的城市已经达到中等发达国家水平，而广大的中西部城市仍处于工业化初期阶段，因此，在中国城市可持续发展的道路上，B模式和C模式将在未来较长一段时期同时存在。

第三节　城市空气质量分析研究

一、城市空气质量时空分析

2013年以来频发的“雾霾”事件引起了社会各界对中国生态环境状况的担忧，政府亦高度重视空气质量。空气质量是人居环境的重要构成部分，分析空气质量现状与成因能够为解决生态环境问题提供参考。

（一）空气质量指数界定

1. 空气质量指数和首要污染物

空气质量指数（Air Quality Index，AQI）是定量描述空气质量状况的非线性无量纲指数。空气质量指数是一个复合型的指数，我国环保部出台的《环境空气质量指数（AQI）技术规定》（试行）规定了空气质量指数的计算公式。

---

① 诸大建.从布朗B模式到中国发展C模式[J].沪港经济，2010(6)：17.

2. 空气质量等级划分

目前，我国环保部将空气质量指数划分为6个等级：AQI在0～50为优，在51～100为良好，在101～150为轻度污染，在151～200为中度污染，在201～300为重度污染，而当AQI>300时为严重污染，详情见表4-4。

表4-4 空气质量指数等级划分

空气质量指数	空气质量状况	对健康的影响	建议措施
0～50	优	空气质量令人满意，基本无空气污染，对健康没有危害	各类人群都可参加户外活动
51～100	良好	除少数对某些污染物特别敏感的人群外，不会对人体健康产生危害	除少数对某些污染物容易过敏的人群外，其他人群可以正常参加户外活动
101～150	轻度污染	敏感人群的症状轻度加剧，对健康人群没有明显影响	儿童、老人及心脏病、呼吸系统疾病患者应尽量减少体力消耗大的户外活动
150～200	中度污染	敏感人群症状进一步加剧，可能对健康人群的心脏、呼吸系统产生影响	儿童、老人及心脏病、呼吸系统疾病患者应尽量减少外出，一般人群应适当减少户外活动
201～300	重度污染	空气质量状况很差，会对每个人的健康产生较严重的危害	儿童、老人及心脏病、呼吸系统疾病患者应停止户外活动，一般人群应尽量减少户外活动
>300	严重污染	空气状况极差，所有人的健康都会受到严重危害	儿童、老人及心脏病、呼吸系统疾病患者应留在室内，避免体力消耗，一般人群应尽量不要在室外停留

中国和美国的空气质量指数在浓度限值标准的划分上存在不同，中国空气质量指数（AQI）中的 PM 10 和 PM 2.5 与美国的划分方式基本一致，但中国的 AQI 中 SO_2 值的标准高于美国，见表 4-5。总体上，除微小颗粒物外，中国空气质量指数中的各指标浓度限值均高于美国标准。

表 4-5　中美空气质量分级指数比较（单位：PPM，毫米/立方米）

AQI	SO_2		NO_2		CO	
	中	美	中	美	中	美
50	0.050	0.034	0.040	—	2.0	4.4
100	0.150	0.144	0.080	—	4.0	9.4
150	0.475	0.224	0.180	—	14.0	12.4
200	0.080	0.304	0.280	0.65	24.0	15.4
300	1.600	0.604	0.565	1.24	36.0	30.4
400	2.100	0.804	0.750	1.64	48.0	40.4
500	2.620	1.004	0.940	2.04	60.0	50.4
AQI	O_3		PM 10		PM 2.5	
	中	美	中	美	中	美
50	0.160	0.059	0.050	0.054	0.035	0.015
100	0.200	0.075	0.150	0.154	0.075	0.040
150	0.300	0.095	0.250	0.254	0.112	0.065
200	0.400	0.115	0.350	0.354	0.150	0.150
300	0.800	0.374	0.420	0.424	0.250	0.250
400	1.000	—	0.500	0.504	0.350	0.350
500	1.200	—	0.600	0.604	0.500	0.500

（二）数据收集与研究方法

1. 数据收集

我国环保部从 2014 年 1 月 1 日开始每天公布全国 161 座城市的日空气质量指数，为空气质量研究提供基础数据。笔者利用环保部全国城市空气质量实时平台发布的日空气质量指数，建立了 2016 年 1 月 1 日至 2016 年 12 月 31 日的日城市空气质量指数数据库，共采集数据 161×339×2＝109 158 个；其中，

161 指监测的空气质量指数城市数，339 指公布空气质量指数天数（2 月因春节只公布了 3 天的空气质量指数），2 指日空气质量指数和每日的首要污染物。

2. 研究方法

笔者通过收集 2016 年 161 座城市的日空气质量指数，分析优良、污染天气的比重。为便于分析和准确反映空气质量状况，笔者构建了受污染天数比重的公式：

$$AQI_{prop\text{-}year}=\frac{\sum_{i=1}^{n}AQI_n}{y}\ (n=1,\ 2,\ \cdots,\ m;\ y=339) \tag{4-1}$$

$$AQI_{prop\text{-}month}=\frac{\sum_{i=1}^{n}AQI_n}{h}\ (n=1,\ 2,\ \cdots,\ m;\ h=30/31) \tag{4-2}$$

在式（4-1）中：

$AQI_{prop\text{-}year}$ ——某城市 2016 年空气质量指数某级别的比重；

$AQIn$——某空气质量指数级别的天数（空气质量指数分为优、良好、轻度污染、中度污染、重度污染和严重污染 6 个级别）；

y——2016 年总共的监测日期。

在式（4-2）中：

$AQI_{prop\text{-}month}$ ——某城市 2016 年某月空气质量指数某级别的比重；

h——监测日期。

（三）AQI 空间特征

1. 受污染天气天数的比重

计算 2016 年 161 座城市 339 天中空气质量指数达到污染级别天气天数的比重，某结果可以基本反映中国城市空气污染空间格局，与空气优良率对应。2016 年中国城市受污染天气比重总体呈现“北高南低”的空间特征。南方城市的空气质量明显优于北方城市，北方城市尤其是华北地区的空气污染极其严重。从全国空气质量指数污染级别（AQI＞100）的比重看，2016 年全国 161 座城市受污染天气的平均比例为 25.81％，其中轻度污染占 19.49％、中度污染占 5.17％、重度污染占 1.15％。从各城市空气质量指数污染级别的比重看，高于全国平均比例 23.56％的城市有 72 座。受污染天气比重较大的城市集中在北方地区，共 10 座城市，依次为衡水、保定、邢台、济南、邯郸、郑州、石家庄、唐山、太原和西安。这些城市的年受污染天气比重超过全国比重，属于污染频次密集区域。受污染影响较小的城市主要集中在南方和西南地区，污染比重较低的10座城市依次为海口、舟山、惠州、厦门、福州、深圳、丽水、珠海、昆明和台州。这些城市的年受污染天气比重远低于全国比重，属于污染频次疏散地区。

利用ArcGIS软件绘制2016年空气质量状况比重4分位数空间分布图，可直观反映中国空气质量现状。从受污染天气比重第4分位数来看，受污染天气比重在40.24%～76.92%的城市有41座，主要集中在京津冀和山东。河北和山东两省是中国钢铁、水泥等重污染企业的集中地，因此，这两个省份排放的污染物比较集中。南方的少数城市，如南京的空气质量也较差，全年受污染天气的比例高达46.75%，这与南京重化工、重污染企业相对集中有密切关系。中国北方的工业二氧化硫和工业烟尘污染较为严重，主要集中在山东、河北、山西、辽宁等地区。一些内陆城市如重庆、乌鲁木齐、兰州、呼和浩特的城市工业污染排放量大，这与城市作为地区经济中心，经济发展迅速而环境规制力度不强有关。从受污染天气比重第1分位数来看，空气质量较好的城市主要分布在东南沿海地区和西南地区。

2. 空气质量指数平均值

计算一座城市三天的空气质量指数均值，亦可反映中国城市空气污染空间格局，只是平均意义上的空气质量指数可能会将监测到的严重污染天气的AQI值降低。计算结果显示中国南方的空气质量明显优于北方，2016年空气质量指数平均值的最大值164和最小值40分别位于华北地区和华南地区。空气质量指数年均值前10名依次为衡水、保定、邢台、济南、邯郸、郑州、石家庄、唐山、太原和西安，后10名依次为海口、舟山、惠州、厦门、福州、深圳、丽水、珠海、昆明和台州。由此可见，河北省全年的空气质量状况相对较差，广东省和海南省整体的空气质量状况相对较优。

从空气质量指数级别来看，2016年监测的161座城市的平均空气质量指数以良好为主，其余均受到不同程度的污染。空气质量指数年均值为92.29，中位数为92.84，标准差为23.08。大于平均值92.29的城市有82座且以北方城市为主，年空气质量指数在90以上的城市累计89座，其中年空气质量指数在90～100之间的城市数量达到40座。换句话说，2016年全国监测的161座城市中空气受到污染或接近于轻度污染的城市有 89 座，占 55%以上。年空气质量指数相对较低的城市有 28 座，占 17.39%，也就是说空气质量优良的城市比例不到 20%。根据空气质量指数等级划分标准，利用 ArcGIS 软件对空气质量指数年均值进行等级划分，发现 2016 年空气质量指数年均值为中度污染的城市有 3 座、轻度污染的城市有 46 座、良好的城市有 109 座、优秀的城市有 3 座。

受污染最严重的前 10 座城市主要集中在北方地区。计算的污染天数（轻度及其以上级别的污染）比重的前 10 名城市依次为衡水、保定、邢台、济南、邯郸、淄博、石家庄、枣庄、济宁和菏泽；重度及以上级别的污染天数比重最高的前 10 名城市依次为邢台、石家庄、保定、宜昌、邯郸、荆州、菏泽、常德、平顶山和成都；严重污染级别的天数比重最高的前 10 名城市为衡水、保定、邢台、济南、邯郸、郑州、石家庄、唐山、太原和西安。由此可见，河北省的城市空气质量已到了污染相当严重的状况。详情见表 4-6。

表 4-6　2016 年受污染天数比重前 10 名城市污染构成

城市	排名	污染天数	轻度污染	中度污染	重度污染	严重污染	优	良
衡水	1	76.92	39.35	19.53	14.79	3.25	0.00	23.08
保定	2	75.81	31.86	18.29	17.70	7.96	0.29	23.89
邢台	3	75.52	30.68	17.11	19.76	7.96	1.18	23.30
济南	4	73.75	51.62	13.86	6.19	2.06	0.00	26.25
邯郸	5	71.30	35.50	15.09	17.46	3.25	0.30	28.40
淄博	6	70.50	44.54	15.34	9.44	1.18	0.59	28.91
石家庄	7	69.91	30.38	14.75	15.93	8.85	2.65	27.43
枣庄	8	66.37	46.31	10.32	7.96	1.77	0.29	33.33
济宁	9	66.27	47.04	12.43	4.44	2.37	0.59	33.14
菏泽	10	65.78	39.53	15.34	7.67	3.24	0.59	33.63

从受污染天数比重前 10 名城市的构成来看，空气质量为优和严重污染的天数比重都较低，空气质量为良的天数比例在 23.08%～33.63%，空气质量为轻度污染的天数比例在 30.38%～51.62%，空气质量为中度污染的天数比例在 10.32%～19.5%，空气质量为重度污染的天数比重在 4.44%～19.76%，

表明污染频次密集区域的城市以轻度和中度污染为主，重度污染和严重污染的天数比重较低。

二、城市空气质量历史对比分析

（一）主要城市空气质量历史状况

1981—2016年，以颗粒物浓度所显示的空气污染基本保持“北重南轻”的格局。1981年京津冀地区、东北地区和西北地区的主要城市空气污染严重；到2016年，京津冀地区的空气污染严重程度进一步加剧，东北地区和东南地区主要城市的空气质量有一定的改善，而长三角地区的主要城市开始受到轻度污染。东北地区在1980年代初期空气污染严重，这很大程度上是由于东北老工业基地造成的环境破坏，而2016年东北地区的空气质量有所提高是由于东北老工业基地传统产业衰落；京津冀地区空气污染加重与其产业结构密切相关，钢铁、水泥等高能耗企业无论从生产过程、生产规模，还是从污染类企业密度来看都很容易产生污染，目前京津冀地区已经是中国城市空气污染问题最为突出的地区；长三角地区受轻度污染也与周边各城市全面工业化有关。

（二）主要城市空气质量对比结果

通过对比主要城市空气质量的历史可发现，按照《环境空气质量标准》（GB 3095—2012），1981年主要城市的空气污染甚至比2016年更严重，如20世纪80年代初期上海的空气污染。① 可是，20世纪80年代初期，人们对空气污染的反应为什么没有现在强烈？笔者认为有以下四点原因：

（1）物质条件的改善。1981年中国尚处于改革开放初期，国家百废待兴，人们的物质生活水平落后，环境问题与发展经济相比处于靠后的位置，况且当时国际上还没有正式提出可持续发展的理念，人们在意识上并未将空气污染治理置于重要的位置；当今中国不仅物质生活水平得到了大幅度的提高，而且人们的环境意识也有所增强，作为人居环境重要构成要素的空气质量问题自然引起了社会的高度重视，社会各界对治理空气污染的呼声强烈；

（2）工业化进程的全面推进。20世纪80年代初期，国家工业生产能力薄

① 严重敏.城市与区域研究:严重敏论文选集[M].上海,华东师范大学出版社,1999.

弱，工业化水平低，空气污染主要呈现为点状污染，空气面状污染的特征不明显；进入21世纪，中国的工业化水平有了大幅度的提高，很多城市开始向重化工业发展，导致空气污染呈现集中成片的面状污染特征；

（3）电脑的普及与互联网技术的进步。由于互联网在20世纪80年代还没有在中国普及，环境事件的传播受到地域限制；而21世纪互联网已大大普及，环境事件的诸多报道不受地域限制，无形中增强了人们的环境保护意识；

（4）环境质量标准。20世纪80年代还没有出台相关的环境空气质量标注，空气污染缺乏监督依据。

三、城市空气质量影响因素定性分析

（一）已有研究成果

目前已有不少单位将空气污染源公布于众，如环保部发布的研究成果。其余单位也陆续发布了“雾霾”成因。中国科学院大学“空气灰霾追因与控制”课题组发布了京津冀地区PM 2.5的来源：燃煤34%、机动车16%、工业13%、外来输送9%、扬尘7%、餐饮6%、其他15%；北京环保局公布的北京PM 2.5来源中机动车占31.1%，燃煤占22.4%，工业生产占18.1%，扬尘占14.3%，其他占14.1%；上海环保局根据2012—2013年6个采样点的五万多个空气质量自动监测站的数据分析出上海PM 2.5的来源：燃煤13.5%、流动源29.2%、工业28.9%、扬尘13.4%、其他15.0%，其中区域影响占16%～36%。

（二）直接污染源分析

空气直接污染源可概括为两大类：固体颗粒物和废气。烟尘、粉尘和烟气尘都是固体颗粒物；粉尘来自自然界和工业生产过程；废气主要为工业生产过程中升华、燃烧或化学反应所产生的蒸汽。城市空气污染物数量较多，危害较大的有PM 2.5、PM 10、SO_2、CO、NO_2等。这些污染物来源于电力、化工、机械、轻工、建材和交通等工业部门。各工业部门中主要排放烟尘的企业占多数，说明固体颗粒物对空气质量产生直接的负面影响。

钢铁、水泥、发电等企业对空气质量的负面影响相当大。因此，笔者选取工业企业对当前中国空气造成的污染最严重也是最集中的地区——京津冀的空气质量来进行空间分析。

（三）特殊事件影响分析

1. 北京 APEC 会议

2008 年北京奥运会、2010 年上海世博会和 2014 年北京 APEC 会议都是中国的重大事件。2014 年 12 月 17 日，北京环保局发布 APEC 会议期间北京空气质量保障实施效果，评估结果显示：APEC 会议期间北京采取保障措施促使 SO_2、NO_2、PM 10 和 PM 2.5 排放量分别下降 39.2%、49.6%、66.8%和 61.6%。具体的保障措施包括工业停产、限产，机动车限行，调休放假和加强全市道路保洁等。APEC 会议期间，北京的空气质量明显改善，但会议结束后空气质量又开始恶化。具体而言，APEC 会议前（11 月 4 日）的空气质量指数为轻度污染（AQI 为 150），会议期间空气质量良好，其中 11 月 6 日为优；会议结束一星期后空气污染渐趋严重，尤其是 11 月 19 日和 20 日的空气质量指数分别达到 282 和 351，处于重度污染甚至严重污染的级别，如图 4-7 所示。

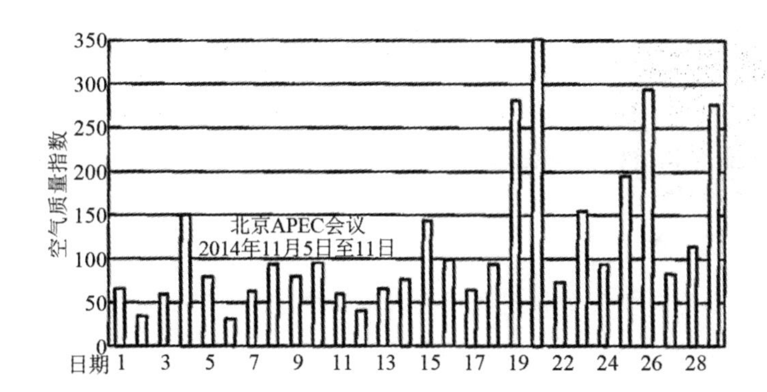

图 4-7 2014 年北京 APEC 会议举行前、中、后北京空气质量指数的日变化

2. 除夕夜

除夕夜是家家户户一年中最热闹的时刻，燃放爆竹是中国传统，然而，除夕夜燃放爆竹会导致空气污染。笔者抓住了除夕夜 879 座监测站零时动态数据公布的机会，采集了城市各监测站的空气污染实时数据。采集的数据包括监测城市的全部样本点，如北京就有怀柔镇、定陵、昌平镇、顺义新城、奥体中心、海淀区万柳等12座监测站。监测点G的空间位置属性数据采用百度API经纬度定位，再将879座监测站点的属性数字化，并逐一命名每一座监测站的属性，将采集到的数据实时导入ArcGIS 10.1，绘制了除夕夜零时的PM 2.5浓度标准分级图。

从空间分布情况来看，整体污染最严重的京津冀地区在除夕夜零时的空气质量相对较好，但部分城市如西安则出现污染“爆表”，这主要是由于地方政府对燃放爆竹的限制措施所致。同时，除夕夜北京的外来人口多已返乡，并且工厂放假、流动污染源减少也是北京的空气污染相对平时有所减轻的原因。实时数据显示，京津地区整体PM 2.5的实时浓度低于平均值，北京的怀柔镇、定陵、昌平镇、顺义新城和奥体中心等5座监测站的PM 2.5实时监测值分别为12.135和15.28；天津的北辰科技园区、天津机车车辆厂、天继电器厂和中新天津生态城等4座监测站的PM 2.5实时监测值分别为56、83、54和6 pg/m^3；廊坊的开发区、廊坊环境监测监理中心和廊坊北华航天学校等3座监测站的PM 2.5实时监测值分别为120、183和177 pg/m^3；长三角地区PM 2.5实时浓度整体略高于平均水平；珠三角地区的个别监测站实时数据较高，如东莞实验中学监测站的实时浓度达351 pg/m^3。三大城市群由于限制了爆竹的燃放，除夕夜零时的空气质量基本没有“爆表”。

（四）地形和气候因素影响

1. 地形因素

地形是影响空气质量状况的重要因素。中国地形多样，以山地、盆地和高原为主，山地约占全国土地面积的33%，高原约占26%，盆地约占19%，平原约占12%，丘陵约占10%。其中盆地、山谷由于四周山地环绕，空气比较稳定，不利于污染物扩散。例如，2014年1月份四川盆地的空气质量普遍较差就是受盆地地形的影响。四川盆地东西长380～450千米，南北宽310～830千米，面积约20万平方千米，岭谷高差500～1000米。四川盆地地形闭塞，而冬季雾气湿重、多阴天，导致空气受到污染时，污染物难以扩散，导致空气质量处于重度污染级别。再如，河北省整体空气污染严重，但北部的承德和张家口空气质量指数却为良好，这正是由于两座城市的工业基础比较差，排放的空气污染物较少；另一方面，也受地形因素的影响，京津冀地区西部、北部的地形较高，南部、东部的地形较平坦，整体呈现西北高、东南低的地形特点，而承德和张家口处燕北高原，地形相对空旷，污染空气较易扩散。

2. 气候因素

中国的气候具有显著的季风特色、明显的大陆性气候和多样的气候类型三大特点。中国多数地区的风向在一年中会发生规律性的季节更替，这种季节性更替会对空气质量产生影响。由于冬季亚洲内陆形成高气压，海洋形成低气压，气流不断从高气压向低气压流动，所以会形成偏北或西北风，而夏季正好相反，盛行东南风或西南风。从风向频率上看，中国的城市风向多表现为（偏）南（偏）北方向，东西方向为次。中国的城市在冬季以偏北风为主，夏季以东南风为主。冬季是北方城市的取暖季节，排放的污染物较多，而在来自东亚内陆高原的北风的影响下，污染物容易扩散南下，从而对南方城市冬季的空气质量产生影响。在夏季，我国东部地区盛行来自海上的东南风，洁净的空气使夏季成为我国大多数城市空气质量最好的季节，如图 4-8 所示。

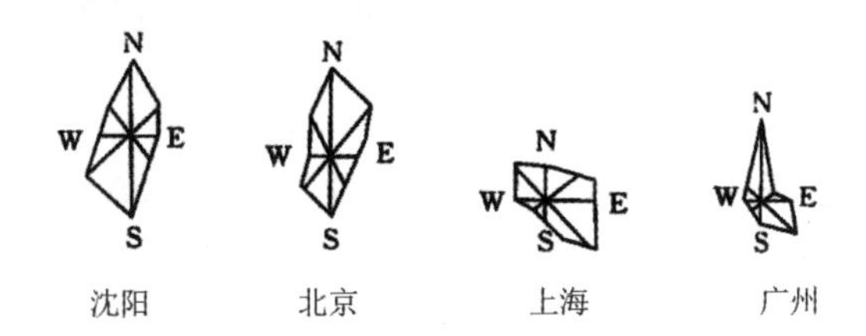

图 4-8　夏季中国东部沿海中心城市风向玫瑰图

（五）粗放的经济增长方式是空气污染的根本原因

投资、消费和出口通常被认为是拉动中国经济增长的“三驾马车”，当消费和出口两驾马车对中国经济做出的贡献较弱时，扩张性宏观经济政策就成为维持经济增长的主要动力。研究表明，中国经济持续高速增长的主要动力来自要素投入增加。资本等生产要素的大规模投入促进了经济的增长，但粗放型的经济增长方式加剧了能源消耗，如图 4-9 所示，中国单位产值消耗的能源是美国的 2.9 倍、欧洲的 5 倍、日本的 9 倍，被称为“全世界最浪费的经济”。

无论从总量还是从均量看，中国的能源消耗都处于急剧增长之中。2016 年中国能源消耗总量是 2000 年的 1.28 倍，是 1985 年的 5.45 倍。中国人均能源消耗量由 1985 年的 730 千克标准煤（kgce）持续增加到 2016 年的 3 932 千克标准煤（kgce），增加了 5.38 倍。从能源消耗的构成来看，中国能源消耗以煤炭为主，其次是石油、天然气、水电、核能及其他能源。从能耗结构变化趋势来看，中国的煤炭和石油的消费比重逐渐下降，天然气、水电、核能及其他能源的消耗比重相对增加。2011—2016 年，中国煤炭、石油、天然气和水电、核能及其他能源的消耗量，如图 4-10 所示。

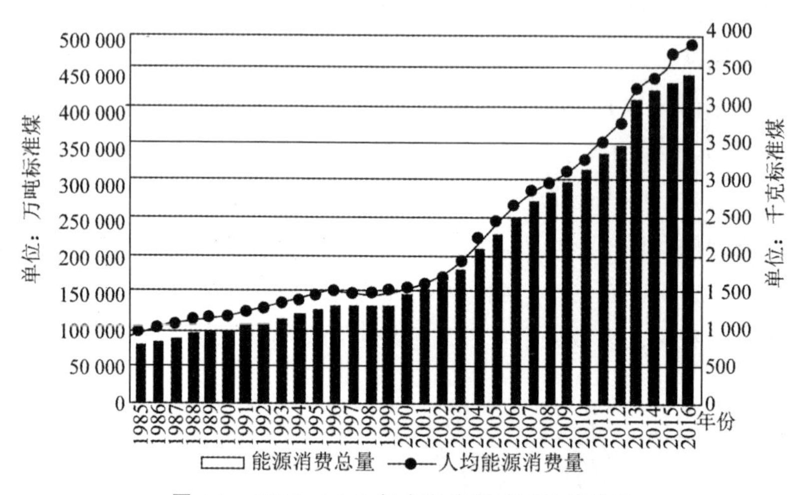

图 4-9　1985—2012 年中国能源消耗增长趋势

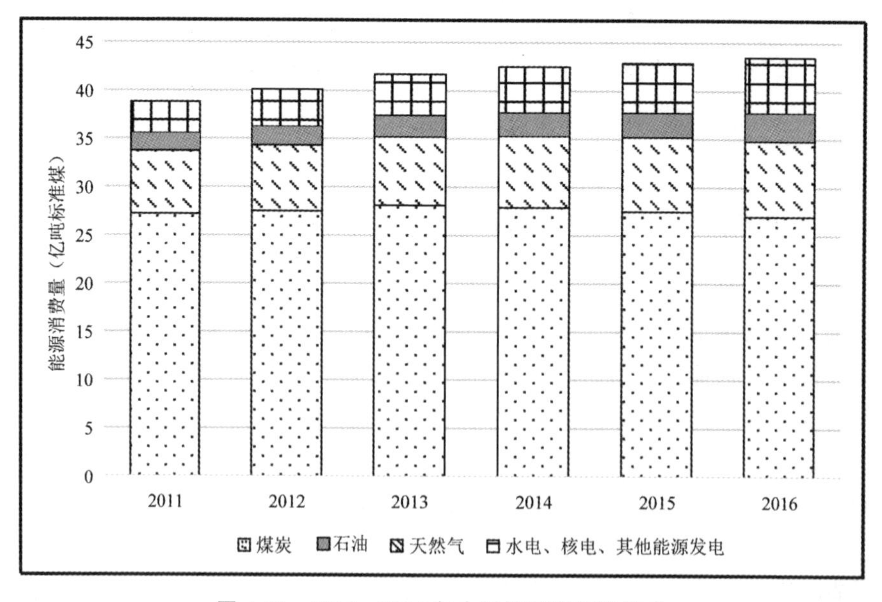

图 4-10　2011—2016 年中国能源消耗的构成

大量的能源消耗会对空气质量造成严重污染。治理中国空气污染在于经济增长方式的转型，要由高能耗、高投入、低产出的粗放型经济增长方式向低能耗、低投入、高产出的集约型经济增长方式转变。当前，中国经济增长已进入换挡期，经济转型、结构调整、技术创新和低碳节能是这个时代的主题。换句话说，新常态下的中国经济将由过去的高速增长逐渐变为中高速增长，从而逐渐解决污染问题。由于国家经济的转型和产业结构调整需要一定的过程，所以空气环境质量要得到根本改善还需要相当长的时间。

四、城市空气质量影响因素定量分析

（一）数据库建立

选取建筑企业数、工业企业数、城市建设绿地面积、工业烟（粉）尘排放量、私人汽车拥有量和城市化率作为自变量，选取 2014 年 339 天的平均空气质量指数作为因变量。由于库尔勒的自变量数据缺失较多，故自变量和因变量的样本都是 160 个。

（二）相关分析

利用 SPSS 统计软件对空气质量各变量进行 Pearson 相关系数分析，可以发现空气质量指数与其他变量之间的相关性不高，但相关系数不能作为最终的解释结果，还需通过构建回归模型进行解释。

（三）回归模型

构建空气质量解释的回归模型。该模型中的因变量为空气质量指数；自变量分别选取建筑工业企业数量、城市化、绿化、粉尘排放和私家汽车等。为减少共线性对回归模型的负面影响，对模型各变量做对数处理。空气质量解释模型如下。

$$\log(AQI) = \beta_0 \log(Cor) + \beta_1 \log(Green) + \beta_2 \log(Fumes) + \beta_3 \log(Car) + \beta_3 \log(Urban) + \in$$

空气质量解释模型的说明见表 4-7。模型中的 AQI 表示空气质量指数；Cor 表示企业数量，其中包括建筑企业数量（Build Cor）和工业企业数量

(Industry Cor)；Green 表示城市建筑绿地面积；Fumes 表示工业烟（粉）尘排放量；Car 表示私人汽车拥有量；Urbani 表示城市化率。

表 4-7　空气质量解释模型指标选取和预期说明

变量	指标	系数预期	预期说明
Build Cor	建筑企业数量	正	加大空气质量指数
Industry Cor	工业企业数量	正	加大空气质量指数
Green	城市建设绿地面积	负	减小空气质量指数
Fumes	工业烟（粉）尘排放量	正	加大空气质量指数
Car	私人汽车拥有量	正	加大空气质量指数
Urbani	城市化率	未知	可能加大也可能减小空气质量指数

（四）回归结果与分析

利用 Stata 软件得出回归分析结果，见表 4-8。

表 4-8　空气质量解释模型回归结果

变量	模型 1	模型 2	模型 3	模型 4	模型 5	模型 6
Buildcor	0.0 111	-0.0 261	-0.0 161	-0.0 252		-0.0 150
Industry Cor	0.0 540	0.0 554	0.0 554	0.0 502	0.0 468	0.0 522
Green	—	—	-0.0 157	-0.0 125	0.0 095	-0.0 106
Fumes	—	0.0 970	0.0 955	0.0 942	0.0 925	0.0 936
Car	—	—	—	0.0 201	0.0 225	0.0 145
Urbani	—	—	—	—	-0.0 364	-0.0 330
常数项	1.7 620	1.4 232	1.4 250	1.3 613	1.4 513	1.4 292
R^2	0.0 751	0.2 521	0.2 538	0.2 757	0.2 711	0.2 808
F 值	6.37	17.53	13.18	14.58	3.82	18.17

根据回归模型结果，可以从以下六大方面得出结论。

(1) 建筑企业数量。从回归结果看，建筑企业数量并不能作为解释影响空气质量指数的因子，模型 1 至模型 6（除模型 5）的回归系数 β 都不能通过显著性检验。空气质量解释模型不能将建筑企业数量作为解释因子，但并不代表建筑企业数量对空气质量指数无影响，如建筑施工所造成的烟尘就会对城市空气产生影响。快速城镇化必然伴随建筑企业数量增加，中国城市建筑企业数量由 2000 年的 47 518 个增加到 2017 年 88 059 个，大量的建筑企业在施工过程中必然会引起施工扬尘，造成空气污染；

（2）工业企业数量。容易对空气造成污染的工业企业包括钢铁企业、发电企业、化工企业和冶金企业等。从回归结果来看，在控制其他变量不变的前提下，模型 1 至模型 6 中，工业企业数量的增加对空气质量指数的贡献在 4.68％～5.54％。中国的工业企业数由 2000 年的 630 000 家增加到 2017 年的 4 731 349 家。京津冀地区的钢铁企业给空气质量带来的负面影响就是最明显的例证；

（3）城市建设绿地面积。从回归结果来看，城市建设绿地面积不能作为解释影响空气质量指数的因子，模型 1 至模型 6 的回归系数 β 都不能通过显著性检验。空气质量解释模型不能将城市建设绿地面积作为解释因子，但并不排除城市建设绿地面积对空气质量无积极影响。绿色植物能够进行光合作用，减少二氧化碳，增加氧气，降低粉尘，吸附尘埃，分解有毒气体。回归模型中城市建设绿地面积虽然不能通过显著性检验，但回归系数 A 都是负值，表明它有利于降低空气质量指数，提高空气质量。增加样本数或者做面板数据回归或许能够通过显著性检验；

（4）工业烟（粉）尘排放量。从回归结果来看，模型 2 至模型 6 显示，工业烟（粉）尘回归系数 β 的显著性水平 P 值都在 0.05 以上，表明工业烟（粉）尘对空气质量指数存在显著性影响。在控制其他变量不变的基础上，工业烟（粉）尘排放量每增加排放 1 吨，空气质量指数将增加 9.25％～9.70％。事实上，无论是从居民环境感知，还是从 161 座监测城市的首要污染物来看，雾霾都是影响空气质量的重要因素；

（5）私人汽车拥有量。从回归结果来看，私人汽车拥有量并不能作为解释影响空气质量指数的因子，模型 4 至模型 6 的回归系数 β 都不能通过显著性检验。空气质量解释模型不能将私人汽车拥有量作为解释因子，但并不排除私人汽车拥有量对空气质量指数的负面影响。随着城镇化水平的快速推进，居民收入水平的普遍提高，中国迅速进入汽车时代。城市家庭私人汽车拥有量由2009年的625万辆增加到2017年的18 515万辆。从地理学视角来看，城市家庭私人汽车人均拥有量达到0.23辆/人，家庭私人汽车拥有量增长速度过快，既会加剧城市交通问题，又会导致空气污染；

（6）城市化率。从回归结果来看，城市化率并不能作为解释影响空气质量指数的因子，模型5和模型6的回归系数β都不能通过显著性检验，但城市化率可能会影响空气质量。人口的城市化导致了城市住房与基础设施的建设规模扩大、私人汽车增加等现象，从而使人口城市化间接导致城市空气受到污染。

第五章 中国城市人居环境可持续发展中出现的问题

从1933年的《雅典宪章》，到1987年的《我们共同的未来》，再到1990年的联合国《人类发展报告》……这些文件对人类居住环境学科的发展产生了重大影响。人居环境科学是关乎民生和发展的科学。人居环境科学研究有两个标准：一是保障基本的生存；二是让人们诗意地栖居在大地上，同时缔造美好环境与和谐社会。①

第一节 居住困难户现象仍然存在

一、城市居住条件进步明显，住宅配套设施拥有率提高

改革开放以来，中国的城市发生了翻天覆地的变化，城市居民物质生活水平显著提高，城市建设速度加快，作为城市人居环境中重要组成部分的居住条件也得到了明显提高，这一点反映在人均住宅建筑面积、城市住宅投资、新建住宅面积和住宅配套设施的拥有率等诸多居住条件指标的增长上。当今中国城市的居住条件与30多年前“重生产、轻生活”时代的居住条件已不可同日而语。

① 吴良镛.中国城乡发展模式转型的思考[M].北京：清华大学出版社，2009.

二、城市仍存在居住困难户

虽然中国城市的居住条件取得了巨大进步，但是城镇化过程中的“城市病”不容忽视。居住问题一直是中西方城市存在的普遍问题，因为无论何时、何地都会出现阶层分化，从而导致城市居住空间分异。居住空间分异须在可控范围内，防止出现拉丁美洲某些大城市的大规模棚户区的现象，这种现象会导致人口拥挤、住房短缺、贫富差异等问题。拉美的城市化被称为“过度城市化”①。当前，中国大城市的大量外来农村人口难以购买高价商品房，又难以享受政府提供的公租房，从而难以融入城市社会，因此，我们要重点关注大城市中低收入困难群体的居住问题。

以上海市作为居住条件的案例研究表明城市具有代表性，它在一定程度上反映了中国城市住房条件经历建国初期、计划经济和向市场经济过渡的历史演化历程。对上海“城中村”的研究结果显示上海部分居民居住条件差，城市人均居住面积、家庭住宅配套设施明显低于全国城市的平均水平，而且住宅建筑老旧。

第二节 城市空气污染问题严重

一、城市整体环境问题突出，空气污染问题严重

中国过去30多年的快速经济增长主要依靠高投资。高投资会导致负债危机，也会导致生态环境问题。当前，我国空气污染、水质污染等环境问题突出，已经影响到居民的日常生活。无论是新华网对中国生态环境的调查，还是百度指数都显现出公众对“雾霾”天气的高度关注。虽然我国2007—2012年一直处于不可持续的状况，但如今我国空气污染开始呈现由不可持续状况逐渐向可持续状况过渡的趋势，这是由于政府加强了对空气污染的治理。

① 宁越敏，李健.让城市化进程与经济社会发展相协调——国外的经验与启示[J].求是，2005(6)：61-63.

二、中国城市空气污染呈现“北高南低”的空间格局

中国城市的空气污染基本表现为“北高南低”的空间特征，即北方城市的空气污染高于南方城市。1981 年，中国城市的工业水平较低，空气污染主要表现为部分城市的点状污染。随着工业化进程的全面推进，中国各个城市都受到了不同程度的污染，面状污染特征明显。目前，南方城市的空气质量明显优于北方城市，北方地处华北平原的城市空气污染最为严重，这与其庞大的重化工业有密切关系。

三、中国城市空气污染呈现倒“U”形特征

我国空气污染呈现“冬高夏低，春秋居中”的倒“U”形特征，即冬季月份空气质量低，夏季月份空气质量高，春秋季月份的空气质量介于中间。从各日空气质量污染级别来看，“良好”和“轻度污染”的天数多，“优”和“严重污染”的天数少，“中度污染”和“重度污染”的天数介于中间，也呈现倒“U”形特征。石家庄、乌鲁木齐、哈尔滨、南京、重庆和广州等城市的日空气质量指数（AQI）呈现倒“U”形季节变化特征明显。

第三节 特大城市基础设施超载

一、城市基础设施与公共服务发展呈现“团块状”分布特征且差异缩小

城市基础设施发展呈现团块状分布特征且与中国城市群空间分布重合。北京、上海、广州和深圳的基础设施指数远超全国平均水平，在全国城市中处于领先地位。基础设施空间自相关分析结果显示京津冀、长三角和珠三角地区的城市基础设施得分为高集聚，表明三大城市群的城市基础设施建设相对完善。相对而言，广大西部地区城市，尤其是西藏、新疆等地区的城市基础设施得分较低，局部空间自相关特征值显示为低集聚，城市基础设施尚待加强。从基础设施集中度指数来看，中国的 13 大城市群除成渝城市群和珠三角城市群外，

其余 11 大城市群集中度指数都在缩小，表明除了一线城市、副省级城市外，各地级市的基础设施建设速度也在普遍加快。

二、上海的基础设施超载

上海基础设施的载荷状态由多方面原因造成。对上海基础设施承载力的测度结果显示，基础设施承载力压力度呈现“下降—上升—下降”的过程。本研究认为应从地理区位、浦东开发、快速城镇化和重大事件（世博会）等角度进行解释。良好的地理区位是城市快速发展的优势，而城市的快速增长很大程度上依赖于基础设施建设。浦东开发为上海整体的基础设施建设增添了活力，但快速城镇化也是造成上海基础设施承载力超载的重要原因，给交通设施、医疗设施和教育设施带来了巨大的压力。

第六章 可持续发展视域下中国城市人居环境评价体系创新研究

可持续发展的基本思想已经遍布整个世界，并逐步从环境领域渗透到经济、社会、生态等各个方面。自从可持续发展的概念被确认之后，很多研究机构为寻求它的测量指标做出了不懈的努力。特别是近年来，各国政府及许多国际组织、学术团体和个人从多角度对可持续发展指标评价体系理论的研究和实践做了有益的探索，形成了不同的体系和模式，是可持续发展研究的宝贵财富。

随着生活水平的提高和生态环境意识的觉醒，公众对居住环境的要求也越来越高，人类住区环境及其可持续发展成为全球国际社会共同关注的热点问题。因此，对中国人居环境可持续发展评价指标体系的探索及建立成为当务之急。对以往可持续发展评价体系成果进行归纳与评述，无疑是建立中国人居环境可持续发展指标评价体系的基础。

第一节 基于可持续发展的城市环境评价指标体系分析

一、评价模式之革命性的思考

（一）经济福利（MEW）

1972 年，美国经济学家威廉·诺德豪斯（William Nordhaus）和詹姆士·托宾（James Tobin）提出了一个革命性的概念——经济福利（Measure of Economic Welfare，MEW），认为 MEW 与消费而不是生产相关，必须改变传统的以 GDP 衡量发展的做法。

笔者怀着特别的心情重提这个几十年前的观点。一方面，从可持续发展理论提出的第一天起，人类就已经接受了经济、社会与环境三大元素之间的总体平衡概念；在中国，更有国粹主义者说可持续发展理论源于中国道家天、地、人的概念。另一方面，无时无刻主动或被动地把地区和国家的发展局限于 GDP 的指标，已经成为一种习惯思维和一种不用争辩的共同标准。因此，我国确立了中国人居环境可持续发展评价指标体系的第一条原则：必须以科学的理性分析为基础，把对可持续发展的研究从一般理论概念层面，推向科学评价的层面，防止把可持续发展概念变成一种公共、廉价的口号。

（二）可持续经济福利指标（ISEW）

在诺德豪斯和托宾提出 MEW 之后，1990 年，世界银行直接资助经济学家赫尔曼·戴利（Herman Daly）和约翰·科布（John Cobb）又提出了可持续的经济福利指标——ISEW（Index of Sustainable Economic Welfare）。这套庞大的指标不仅考虑到消费、社会分配和环境退化等因素，还考虑到全球变暖和臭氧层破坏可能会带来的大规模和长期性的后果。该模型考虑的因素全面、计算复杂，但是该指标的可操作性很低。中国针对这套指标体系的分析，确立了中国人居环境可持续发展评价指标体系的第二条原则：必须基于中国的现有可公开得到的统计资料，只有这样才有可能使中国人居环境可持续发展评价指标体系具有实际操作的意义，只强调科学的全面性是不够的。

（三）持续收入（SI）替代国民生产总值

按照阿罕默德（Ahmad）等学者在 1989 年给出的定义，持续收入是指在不减少社会福利各项要素总储量的情况下增加国民收入。在可持续发展的概念下，国民收入的正确计量应能反映不减少产生和可用于消费的收入。

这个公式揭示的意义是：国民生产总值的传统思维方法是一个绝对量，而阿罕默德给予的却是差额，可持续的收入是传统的国民生产总值减去了为此支付的资源和环境消耗开支后的差，从经济学意义上反映的则是毛收入减去成本后的纯收入，或者称为纯利润。这个简单的减法公式是思考国家和地区发展问题的革命性的飞跃。因此，中国将这一精华思想吸收到中国人居环境可持续发展的评价体系中，并确立了第三条原则：在计算和评价各地区的经济发展时，必须从可持续发展的角度导入创造的经济成果，得出资源和环境的消耗与开支。

（四）国民经济调整模型（ANP）——绿色 GDP

克里斯蒂安（Christian）和莱佩特（Leipert）针对当前各国用单一的国民生产总值作为衡量贫富标准的时弊，考虑在调整更多因素后再分析国民经济。克里斯蒂安和莱佩特还提到，传统的、GDP 导向的经济发展不断提升了经济中本能的中间环节，这些环节直接提高了其代价。但是克里斯蒂安和莱佩特认为这点可以归结到经济活动过程的本身，而不作为经济运行的“外部成本”。因此，中国在构建中国人居环境可持续发展评价体系时，导入了有关经济增长的外部成本思维方法，作为第四条原则：在中国人居环境可持续发展评价体系建构过程中，对于地区的经济发展除了要考虑环境和资源代价的支出外，还必须考虑经济系统之外的社会代价、行为代价和风险代价。

（五）持续性指数（S-Index）

在全球环境社会与经济研究中心（CSERGE）提出的持续性指数基础上，1992 年，CSERGE 的皮尔斯（Pearce）和阿特金森（Atkinson）研究出了衡量“Sustainability”的简单指标。资本可以分为人力资本、人工资本、自然资本。自然资本包括任何可以产生经济效益及生态支持的自然资源。为了使净资本（K_m+K+K_2）免于成为常量，他们又提出了“Sustainability”的基本条件：

$$S/Y-(V_m K_m)/Y-(V_m K_m)/Y \geqslant 0 \tag{6-1}$$

有很多生态学家对该方程式提出了质疑，因为该公式认为自然和人造资本可以互相替代，而实际上，这种环境的替代并不存在。

他们同时提出了“强持续性”原则，否定非环境增长代替环境退化的可能性，但这种方法也有缺陷，就是它允许自然资本的各组成部分间存在自由持续性。

（六）生态需求指标（ER）

1971 年，美国麻省理工学院（MIT）提出了生态需求指标，旨在定量测算经济增长对于资源环境的压力。此指标简洁明了，被学者们认为是 1987 年的思想先锋。但由于它过分笼统，识别能力受到限制，因而未得到广泛应用。

我们据此得出了第五条原则：在人居环境可持续发展评价体系建构的过程中，要处理好指标的代表性和普遍性之间的关系。一方面要避免因指标过于简单影响评价的准确性，另一方面还要避免大量指标之间存在的重叠影响其科学性。

（七）联合国人类发展指数（HDI）

联合国开发计划署（UNDP）于1990年创立的人类发展指数（Human Development Index，HDI）是对可持续发展进行量度的著名指标。可持续发展成为“有长久而健康的寿命，受教育和享受相称的生活标准”，并得到了世界各国的赞同。但一个国家的人类发展情况包含其国内不同人群之间的诸多相异性，HDI仅仅考虑了经济和社会因素，没有考虑环境因素。此外，人类发展指数更多地偏重对现状的描述和历史序列的分析，其预测和预报的功能还有待改善。针对其不足之处，我们得出了中国人居环境可持续发展评价指标体系的第六条原则：人居环境的可持续发展是满足人们多方面需要的多元发展，因此，在建构人居环境可持续发展评价体系时，要寻求建立一套多维、多层次的指标体系，对发展的多个截面进行评价。

（八）环境经济持续发展模型（EESD）

该模型由加拿大国际可持续发展研究所（ISD）提出，是以科玛奈尔（Commager）的环境经济模型和穆恩（Munn）的持续发展框架为依据发展而成的一类综合性的可持续发展指标体系。我们由此得出了中国人居环境可持续发展评价指标体系的第七条原则：人居环境可持续发展是随时间不断更新和变化的，因此，在建构人居可持续发展评价体系时，要试图使评价指标体系在相对长的时间内试运行，使其接受实践的检验，并不断修正。

（九）可持续发展度（DSD）

可持续发展度于1993年由中国的牛文元、美国的约纳森（Jonathan）和阿卜杜拉（Abdullah）共同提出，发表于国际SCI核心刊物“*Environmental Management*”上。该模型构造了独立的理论框架，扩展了重要的空间响应等附加因素，并设计了计算程序，还特别考虑了发展中国家的特点。该模型的理论体系较完备，但实用程度还有待改进。我们由此得出了中国人居环境可持续发展评价指标体系的第八条原则：在建构中国人居环境可持续发展评价指标体系的过程中，要考虑指标体系的可操作性，使其能够较容易地运用到不同层面的人居环境可持续发展上。

（十）联合国统计局提出的可持续发展指标体系

该指标体系是联合国统计局（UNSTAT）的皮特·巴特尔穆茨（Peter Bartelmus）于1994年提出的。它是以《21世纪议程》中的四个主题即经济、大气和气候、固体废弃物、机构支持为经，以社会经济活动和事件、影响和效果、对影响的响应以及流量、存量和背景条件为纬，形成了一个由31个指标构成的指标体系。该指标体系基于对联合国环境统计发展框架（Framework for Indicators of Sustainable Development）的修改，因此，对环境方面的反映较多，对社会方面的反映较少，而且指标的分类表达比较混乱，在逻辑性上有一定的缺陷。由此，我们得出了构建中国人居环境可持续发展评价指标体系的第九条原则：评价指标体系的层次结构框架要分明，应从纵、横两个方面有针对性地确定评价层面，避免指标分类混乱和逻辑缺陷。

此外，可持续发展指标体系、“能值度量”体系（Energy System）、国际城市环境研究所ABC指标模型、赫德逊指标体系、埃塞拉菲指标体系、生态印迹体系（Ecological Footprint）等，都从不同层面对可持续发展的度量做出了贡献。

二、我国主要的可持续发展评价指标体系

除了在国际上比较有影响力的可持续发展评价指标体系外，我国对于可持续发展评价体系的研究也在进行当中，主要包括张坤民的真实储蓄、国家计划委员会（简称国家计委）的ECCO（Evolutionof Capital Creation Options）方法模拟运行、国家环保局的城市环境综合整治定量考核指标体系、以满足人类需求为基点的可持续发展指标体系、PRED系统可持续发展指标体系、同济大学的HSSDI人居可持续发展指标体系等。

总体而言，国内对于可持续发展评价体系的研究存在以下两个特点。

（1）观念同步；

目前，我国可持续发展的观念已基本与国际的观念同步。从已掌握的资料文献来看，国内的研究工作者通过大量的国际交流活动与世界各国的学者进行了沟通，有些新的理念已经引入国外实践环境生态评价体系的建构工作中。

（2）侧重综合。

目前，国际上可持续发展的评价模式可分为货币评价体系与非货币评价体

系两种。[①] 中国的学者倾向于建构多元综合的多层次评价体系，只有极个别的学者采用货币评价方法，如胡涛的生态经济复合价值计算公式，但该公式也采用了“复合”的概念。因此，可以说国内的可持续发展评价体系的主流方向是非货币单位评价类的探索。其原因可以归结为中华传统思维的综合特性定式，但这也只是一个假设。

以上的评价体系基本上都是针对单纯的可持续发展而言的，研究者们一直侧重于解决城市发展中的关键问题，虽然范围涉及经济、社会、资源与环境等诸多方面，但是对于以人居环境为背景的指标体系的研究却凤毛麟角。因此，在人居环境成为全球关注的热点问题的同时，构建中国人居环境可持续发展指标评价体系显得尤为重要。

第二节　中国人居环境可持续发展评价指标的理论基础

一、中国人居环境可持续发展评价指标体系的理论形成

可持续发展是在全球面临着经济、社会、环境三大问题的情况下，人类基于对自身生产、生活行为的反思以及对现实与未来的忧患而提出的全新的人类发展观。可持续发展观的思想萌芽可追溯到 20 世纪五六十年代，人类在工业化对资源和生态环境的压力下，对将经济增长作为唯一的发展模式提出了质疑。

可持续发展观念形成的一个重要事件是 1972 年 6 月联合国在斯德哥尔摩召开的人类环境会议，大会通过了具有历史意义的《人类环境宣言》。虽然这个宣言偏重于发展所引起的环境问题，并没有强调环境与发展的相互关系，但它仍然被认为是人类对于环境与发展问题的第一个里程碑。

第二个里程碑是 1992 年 6 月在里约热内卢召开的联合国环境与发展大会。会上通过的《里约热内卢环境与发展宣言》和《21 世纪议程》，将可持续发展概念和理论付诸行动。

---

① 陈年红.我国可持续发展评价指标体系研究[J].技术经济，2000(3):36-38.

我国可持续发展的理论与实践于 1990 年前后形成并开始发展。距里约热内卢世界环境与发展大会不到一个月时，国务院环境保护委员会决定由国家计委和国家科委牵头编制《中国 21 世纪议程》。1996 年 6 月，国家计委、国家科委在《关于进一步推动实施〈中国 21 世纪议程〉的意见》中指出："有条件的地区和部门可根据实际情况，制定可持续发展指标体系，并在本地区、本部门试行。" 1998 年，"可持续发展的中国人居环境的评价体系及模式研究"入选国家自然科学基金的重点课题。

二、中国人居环境可持续发展评价指标体系的概念和内涵

从哲学意义上讲，评价就是评价者对于被评价对象的属性与评价者需要之间价值关系的反映活动。因此，可持续发展评价就是人类对复合系统属性与其可持续发展需要之间价值关系所做出的反映活动，即明确价值的过程。可持续发展评价是以现代可持续发展理论为依据，综合运用统计学等数学方法，全面、系统地测定和计量某一特定社会总体的可持续发展运动及其成果，并综合评价其在一定时期的发展水平的一种实践活动。

第三节　基于可持续发展的城市人居环境评价指标体系的构建

一、调查数据的搜集与整理

同济大学作为中国人居环境可持续发展的评价体系和模式研究的试点，组织了对上海 13 个小城镇以及云南、河南等地的人居环境调研。此次调研规模虽小但内容全面，由经济产业、环境，以至住宅形式和家庭组成。

课题调查采用数据搜集与问卷调查相结合的方法。调查通过发放问卷来进行"一对一"式的访谈。之所以采用问卷调查的方法是由于它的客观性，并且它能弥补客观统计指标的不足。在分析问题时，要将对量的分析和社会心态相结合。需要注意的是，有的现象仅以客观指标从数量上进行分析，不一定能得出正确的结论。

二、中国人居环境可持续发展评价指标体系的层次结构分析

人居环境可持续发展研究与广义的可持续发展研究的研究领域有很大一部分重合。这既决定了前人所拓展的可持续发展指标体系可以作为研究的基础背景和参照系统，也意味着研究工作的主体不会停留在理论和宏观层面。这里的人居环境是狭义的、具体的。在研究的指导思想指引下，笔者通过纵、横两个方面来多层面地剖析人居环境可持续发展评价指标体系，详细内容见表 6-1。

表 6-1　中国人居环境可持续发展评价指标体系的层次结构框架

层面	经济指标	社会指标	资源与环境指标	科技指标	素质指标
区域层面（A）	A	A	A	A	A
城镇层面（B）	B	B	B	B	B
社会层面（C）	C	C	C	C	C
家居层面（D）	D	D	D	D	D

（一）纵剖面

以下四个层面的项目指标构成了自上而下的纵向结构。这些指标的分值或评价形成了对特定经济、自然条件下的人居环境的总体印象。

1. 区域城乡体系的人居环境

在区域层面上比较不同自然条件和社会经济条件的城乡区域体系的投入产出，寻找环境与发展、资源保护与利用之间的最佳范例，寻找区域发展资源的承载力限度，确立集约化区域城乡发展的最佳规模，同时衡量空间单位对可持续发展的机制保障能力和管理水平。

2. 城镇内部的人居环境

从城镇层面评价各个空间单位的经济、社会、环境的总资产，并按照城镇内部的投入、产出和环境质量三者之间的关系以及城镇自身的机制保障和科学管理能力，对这些城镇进行定量排序和比较，从中筛选出集约型发展的典范。

3. 社区街道和村庄的人居环境

在不同自然条件和社会经济条件下衡量社区的投入、经常性维护的物质消耗和能源消耗、目前的环境评价、公众的社会评价，并将评价结果排序，明确各个社区需要改进的部分。

4. 家居环境

从家居层面比较不同地域、不同类型的住宅建设的投入、能源的消耗、居民的满意程度，探索其中的建设运行机制和需要改进的部分，明确住宅建设的发展方向。

（二）横剖面

人居环境评价的难度在于不同价值体系的不可比性。经济发展以效益为导向，环境质量以生态系统的完整和自然为最佳，社会的发展要考虑不同社会团体和个人分散化的价值取向。因此，在对人居环境的自然属性进行纵向划分之后，还需要根据不同的价值群，横向划分人居环境质量评价的社会属性。在剔除了宏观和普遍意义上的可持续发展指标，并有限度地保留一部分人口、教育、产业结构等经济、社会问题后，可以从以下五个方面衡量中国人居可持续发展的水平。

1. 经济发展指标

经济发展的目标是为了发展生产、扩大生产规模、改善经济结构、提高生产效率，最终提高国家或地区的综合实力及人民生活水平。可持续发展明确的发展导向决定了中国人居环境可持续发展指标的研究必须充分考虑人居环境对经济的带动作用和经济对人居环境的限制因素。

2. 社会发展指标

社会发展的目标是提高人民生活质量、人口素质以及社会文明。人是社会的主体，社会发展指标是以人为主体的指标，这与人居环境可持续发展紧密相关，它主要包括各种产业的用地结构、用地集约化水平、居住的社会保障体系等问题，不包括宏观的经济产值和投资结构（这个问题由其他层次的研究来解决）。

3. 资源与环境发展指标

任何可持续发展的体系都在监测环境的变化，人居环境的可持续发展也不例外。在这方面，各种环境指数的评价内容可能与宏观的可持续发展评价体系的部分内容重复，但它们是必不可少的关键因子。

4. 科技发展指标

从发展的角度来看，科技发展是实现可持续发展的根本保证。为了达到研究的专业性，人居环境领域的科技质素被限定在一个相对狭隘的范畴内，包括建筑技术、建筑材料技术、节能技术、城市建设技术和与区域发展有关的技术领域。

5. 物质发展指标

物质发展指标与中国人居质量总体水平落后的现状相联系。在人居可持续发展的研究道路上，首先应研究中国人居环境条件的基本保障，如住房面积、基本配套设施、居民满意程度和居住成本等。这是当前中国人居环境的迫切需求，也符合可持续发展的发展导向。

第四节　城市人居环境可持续发展的评价方法

一、指标的确立

指标与指标体系是构成人居环境可持续发展指标评价体系的重要因素。指标是说明总体数量特征的统计范畴，但单个的指标只能反映总体的某一侧面，或某一侧面的某一特征，要想反映被研究总体的全貌，就必须结合一系列相互联系的数量指标和质量指标。

笔者在这里采用频度统计法、理论分析法和专家咨询法以满足指标选择的完备性原则。

二、指标分析方法的确立

综合评价的方法有很多，有聚类分析法、因子分析法、相关分析法、主成分分析法等。在数理统计分析中，通常用因子分析法来选择主要指标，但描述人居环境可持续发展状况的社会经济等统计数据并不总是呈现正态分布的规律，因而用这种为正态分布数据而设计的分析方法来筛选主要指标不太合适。

主成分分析法用损失少量信息来换取变量减少，其好处是为以后的运算减少工作量，但其结果过分依赖原始指标集，而社会、经济的统计数据误差较大，受到政府行为的影响，并且不易弄清新变量的物理意义，所以该方法主要应用于数学方面。

聚类分析法是把各指标按照一定的标准划分成一定的类别，就是说将一个样本按照人们的需要，以某种相似性度量为标准簇分成一个谱系。其相似性度量基本上可以分为两大类：

（1）样品间的距离。有欧式距离、闵式距离等，在实际中较常用的是欧式距离；

(2) 样品间的相似性系数。包括两样品间夹角的余弦、两样品间的相关系数两种方法，通常采用第二种方法。

当选定一种相似性度量标准之后，就可以计算样本内每两个样品之间的相关系数，从而得到各指标间的相似性度量矩阵。这个矩阵就是进行样品聚类簇分谱系的出发点。但是这个矩阵是一个较为概略的矩阵，只考虑了相关系数的因素，没有考虑到显著性水平的差异。

相关分析（Correlation）是研究变量间密切程度的一种常用的统计方法。线性相关分析可以研究两个变量间线性关系的程度。相关系数是描述这种线性关系程度和方向的统计量，通常用 r 表示。相关分析可以较好地筛选指标的独立性。当然对可持续发展指标的研究不能照搬数理统计的方法，应融入主观的判断，因此，笔者在这里采用主客观相结合的方法来研究可持续发展指标。

三、独立性指标的分析方法

（一）相关分析矩阵

SPSS（统计分析软件）提供指标体系的数据之后，首先按照人居环境可持续发展的层次结构分析，然后分别对各个层面的指标进行二元变量的相关分析。相关系数采用 Pearson 相关系数。Pearson 相关系数是用来反映两个变量线性相关程度的统计量。其中，对数据进行显著性检验（Test Significance）时，采用 Two-tailed，即双尾 T 检验。当判断两个变量只可能是正相关或负相关时，可以进行单尾检验，要求显示实际的显著性水平（Display Actual Significance Level）。结果中的“*”表示显著性水平为 5%，“* *”表示显著性水平为 1%。然后提交计算机运行，计算各指标之间的相关系数，得到相关系数矩阵。

当 $r=\pm1$ 时，表示两个指标完全线性相关，可以用线性方程来描述；当 $r=0$ 时，表示两个指标为零相关，即它们之间没有线性相关关系；当 $0<|r|<1$ 时，两个指标部分相关；当 $0<r<1$ 时称正相关；当 $-1<r<0$ 时称负相关。相关系数 r 的绝对值越接近 1，说明其线性相关越密切。其中，P 值表示相关系数为零的假设成立的概率，即不相关的概率。

（二）指标筛选

得到相关系数矩阵后，根据各个剖面所需要的指标数量选取一定的显著性水平。首先要确定一个合理的相关系数，可以将大于此相关系数的指标合并为一项指标，其他的指标是独立性指标。合并后的指标与筛掉的独立性指标共同组成描述该层面的评价指标。如果经过前一次的合并后，指标数量偏多，则可降低相关系数的标准或显著性水平的标准，再次进行如上步骤，重新合并相关指标，反之亦然。经过上述相关分析选出的描述各层面的指标，满足各层面内部的指标间的独立性，但其他层面的指标不一定是独立的。为满足指标的独立性要求，应计算不同层面选出指标的相关系数，建立相关系数矩阵，继续分析各层面间指标的独立性，直到得到满足要求的指标数量为止。这是一个不断筛选和实验的过程。

四、推荐指标的补充

最初的人居环境可持续发展候选指标的选择局限于指标的可得性及现实性，需要借助于准确的数据才能较完备地进行指标的筛选工作。因此，除了由现有数据分析出的指标以外，还应相应地补充一些对于人居环境可持续发展内涵相对重要但尚无法用数理方法进行分析的指标，将这两者结合就可以得到最终的指标评价体系。

五、指标权重的确定

（一）确认指标权重的方法之一：求非劣解

各指标对系统的影响或引起的效应是不同的，在进行 AIS 综合评价时，不能同等看待各要素。“权重”表示各要素具有的不同的重要性以及各要素产生的不同协同效应。

人居环境可持续发展属于多目标决策问题，因此，应该采用多目标决策中的求非劣解[①]的方法确定 AIS 指标权重。查德（Zadeh）首先提出了用加权法求非劣解的想法，为各个目标函数指定权数，把它们组合成单目标函数，该加权方法表述如下：

$$M_{azx}(x)=w_1 z_1(x)+\cdots+w_k z_k(x) \tag{6-2}$$

（二）确认指标权重的方法之二：层次分析法

多目标决策问题中的指标权重反映各个指标的重要程度。人居环境可持续

① 非劣解是指在所给的可供选择的方案集中，已找不到能够改进每一指标的解。在多目标规划中，它指有效解和较多最优解。

发展指标评价属于多目标决策问题，各指标的权重应反映其对可持续发展的重要程度。在此，可采用专家咨询法及层次分析法等综合方法确定其权重，进行加权平均。

层次分析法（Analytical Hierarchy Process，AHP）是美国运筹学家萨蒂（Saaty）在20世纪70年代提出的。AHP法是目前探讨用于评估可持续发展程度及协调程度的主要方法，主要用于求解递阶多层次结构问题，是多指标综合评价的一种定量方法。

AHP法的工作步骤和内容大致包括如下几点。

（1）明确问题；

（2）划分和选定相关因素；

（3）建立层次结构；

目标层：人居环境可持续发展评价指标，可分为区域层面、城镇层面、社区层面、家居层面这4个具体的次级目标层。

准则层：包括经济发展、社会发展、资源与环境发展、科技发展、物质发展5个准则。

指标层：人居环境可持续发展的具体定性和定量指标。

（4）构造各层的判断矩阵；见表6-2；

表6-2　判断矩形的建构

	B_1	B_2	B_j	B_n
B_1	b_{11}	b_{12}	b_{1j}	b_{1n}
B_2	b_{21}	b_{22}	b_{2j}	b_{2n}
B_i	b_{i1}	b_{i2}	b_{ij}	b_{in}
B_n	b_{n1}	b_{n2}	b_{nj}	b_{nn}

分级定量法：在同一层次上的各因素，按其优良程度或重要程度可以划分为若干等，赋以定量值，采用Saaty的1～9标度法表示。

建立判断矩阵：对某一层次的因素（如B_i），建立一个判断矩阵，b_{ij}表示甲因素B_i对乙因素B_j的重要程度的赋值。

完全一致性条件：按照各因素重要程度对比的内在规律，矩阵存在以下三个条件即为完全一致性。

①对角线元素为1，$b_{ij}=1$；

②右上角和左下角对应元素互为倒数$b_{ij}=1/b_{ij}$；

③元素优先次序的传递，即 $b_{ij} = b_{ik} / b_{jk}$ 。

完全一致性可以用另一种形式来表示，假设 B_1，B_2，… B_n 的优先权系数为w_1，w_2，…w_n则完全一致性判断矩阵见表 6-3。

表 6-3　完全一致性判断矩阵

	B_1	B_2	B_j	B_n
B_1	w_1 / w_1	w_1 / w_2	w_1 / w_j	w_1 / w_n
B_2	w_2 / w_1	w_2 / w_2	w_2 / w_j	w_2 / w_n
B_j	w_j / w_1	w_j / w_2	w_j / w_j	w_j / w_n
B_n	w_n / w_1	w_n / w_2	w_n / w_j	w_n / w_n

然而由于客观事物的复杂性和人们认识的多样性以及主观的片面性和不稳定性，要达到完全一致性是非常困难的。因此，需要将元素两两对比，修正赋值，直到符合上面的 3 个条件为止。

（5）确定各层中因素的优先次序即优先级；

优先次序即权重，在调整后的判断矩阵的基础上，可求得表征各因素的优先次序的权系数，有以下几种方法。

几何平均法：先按横行将各元素连乘并开 n 次方，即求取各行元素的几何平均值 B_1 ，再把各行的几何平均值相加后除 B_1 ，求得规范化权系数。

代数平均法：先按横行将各元素求和 B_1 ，再把各行的和值相加后除 B_1 ，求得规范化权重。

经过层次分析法得到各指标的权重后，再用德尔斐法修正赋值，可得各指标的权重。

（6）一般性检验。

六、消除量纲影响

变量的可能差距大，如有的是两位数，有的是四位数，在构成相似性度量时，其所占优势有所不同。另外由于原始指标的量纲不同，有的是实物量，有的是价值量，有的是人均量，有的是百分比，不能直接进行计算。一般为了解决各指标不同量纲难以进行综合汇总的问题，在完成数据收集工作后还需要对原始数据进行标准化处理，其目的是使其转化为无量纲数值，消除不同计算单位的影响，并使数据趋于稳定。选用简单而实用的相对化处理方法来消除量纲的影响，其主要原理是先确定评价指标的比较标准，作为比较的标准值，然后比较各指标的实际值（X）和相应的标准值（X′），即可将不同性质、不同度量的各种指标换算为同度量的指标。常用的处理方法有以下两种。

（1）中心化法；

（2）标准化法。

在此，利用 $A'_i = (A_i - A_{min}) / A_{max} - A_{min}$，将每一个转换后的指标的取值都限定在 0～1 的范围内。

七、综合分值的计算

（一）求非劣解

在将 AIS 指标值进行标准化处理、确定指标及权重后，就进入人居环境可持续发展的综合评价阶段。综合评价是将评价对象在各项指标上的特征进行综合处理的方法。[①] 在考虑单目标最优化问题时，只要比较任意两个解对应的目标函数值后，就能确定谁优谁劣。而人居可持续发展评价指标体系是多目标决策，在多目标决策中，要求所有目标同时达到它们的最优值非常困难。多目标决策的尺度不再是最优解，而是要综合比较各项目标的非劣解。多目标问题的决策结果，就是要根据社会价值和决策者的偏好等综合因素，从非劣解集中选择一个非劣解作为决策方案。综合评价过程可以用图 6-1 来表示。

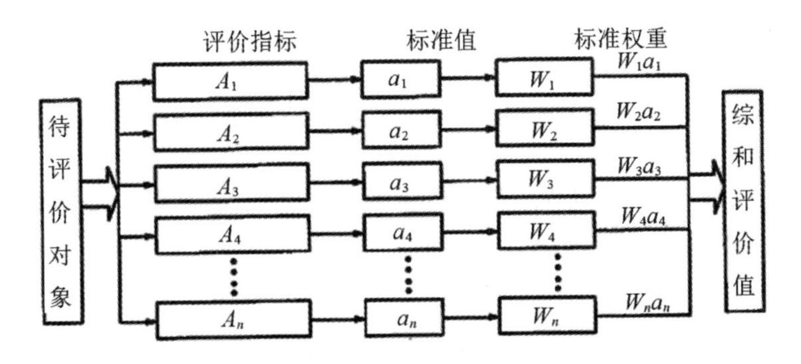

图 6-1　综合评价过程示意图

① 张智，魏忠庆.城市人居环境评价体系的研究及应用[J].生态环境学报，2006，15(1)：198－201.

（二）评价指标的组合规则

考虑到人居环境可持续发展系统的不可替代性、多层次性及协同性等特点，在人居环境可持续发展 AIS 评价中，可选择加权求和（加法规则）与加权求积（乘法规则）相结合的多指标综合评价模型。

加法规则（Additive Rule）中的各项指标独立而无差异，指标之间可以进行线性补偿。即使一项指标水平较低，其他指标水平较高，那么总的评价值仍然可以比较高。加法规则能够反映好坏搭配的特性。其 K 维公式为：

$$W=\sum A_i W_i \tag{6-3}$$

在式（6-3）中：

W ——加权系数。

它的价值曲面和等值线如图 6-2 所示。

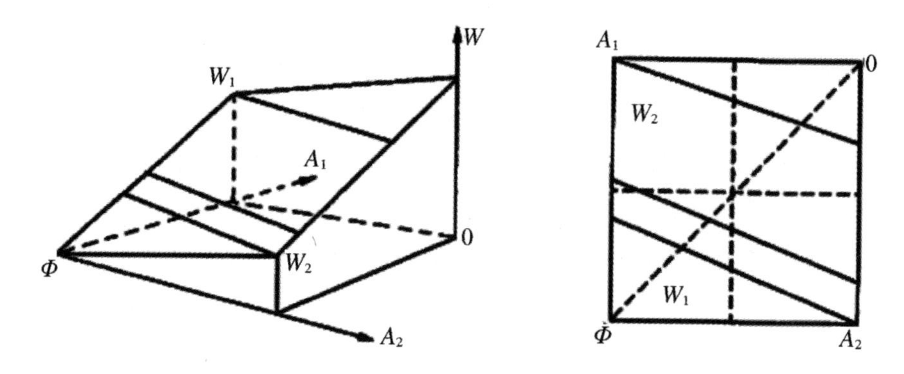

图 6-2　加法规则的价值曲面和等值线图

其原点价值为 0，其理想最大值顶点的价值为 1。各顶点之间的连线全为直线，曲面为一个平面，因此，其曲面上的等位线或在底平面上的投影的等值线都是直线。

乘法规则（Multiplicative Rule）在应用时要求各项指标尽可能取得较好的水平，才能使总的评价值较高。它不允许指标处于最低水平上，只要一个因素的价值为 0，则不论其余因素具有多高的价值，总价值都将为 0，反映了不可偏废的特征。其 K 维公式为：

$$W= A_i W_i \tag{6-4}$$

它的价值曲面和等值线如图 6-3 所示。

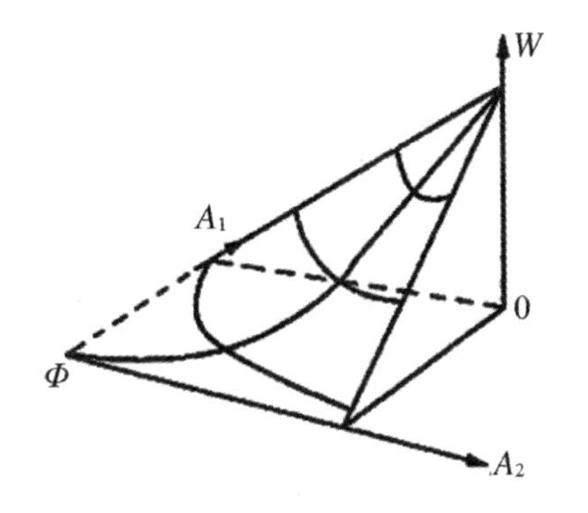

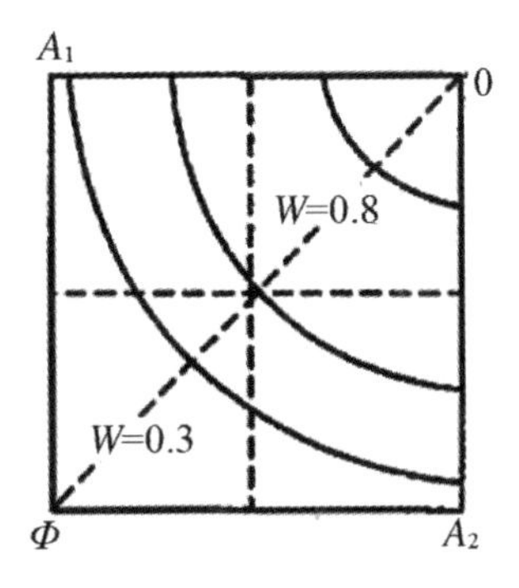

图 6-3 乘法规则的价值曲面和等值线图

只有一个顶点，即当所有的属性都处于各自的最好水平上时的一点时，才具有最大的价值。曲面具有上升的山脊形状。其等位线在水平面上投影的等值线向理想点是凹陷的。

AIS 综合分值计算作为方法论研究，从整体性和完备性来讲，是整个方法论中不可缺少的一个部分。但基于人居环境可持续发展的和谐原则，不能单纯地就某项指标的高低来定论某地区的可持续发展，也不能简单地将总分进行累计。在可持续发展的问题上，“5+5”的效果可能完全不同于“9+1”。笔者建议，将各个受监测的对象放到不同的比较序列中来比较，如不同的经济发展阶段序列、不同的区域特征序列、不同的城镇等级序列等。所以，在今后的使用过程中，各个层面是否使用综合分值计算由使用者决定。

八、系统聚类分析法

在评价指标确立的基础上，通过聚类分析就可得出样本谱系图。有了样本谱系图，就可以根据需要确定分类的数量。可以将不同层面的地区分为几类，找出每一类共同的特点，以便于制定人居环境可持续发展研究的相应对策和政策。可以从不同的准则层（如经济、社会、资源与环境、科技与物质等）分别对各个地区进行聚类，也可综合聚类，如图 6-4 所示。

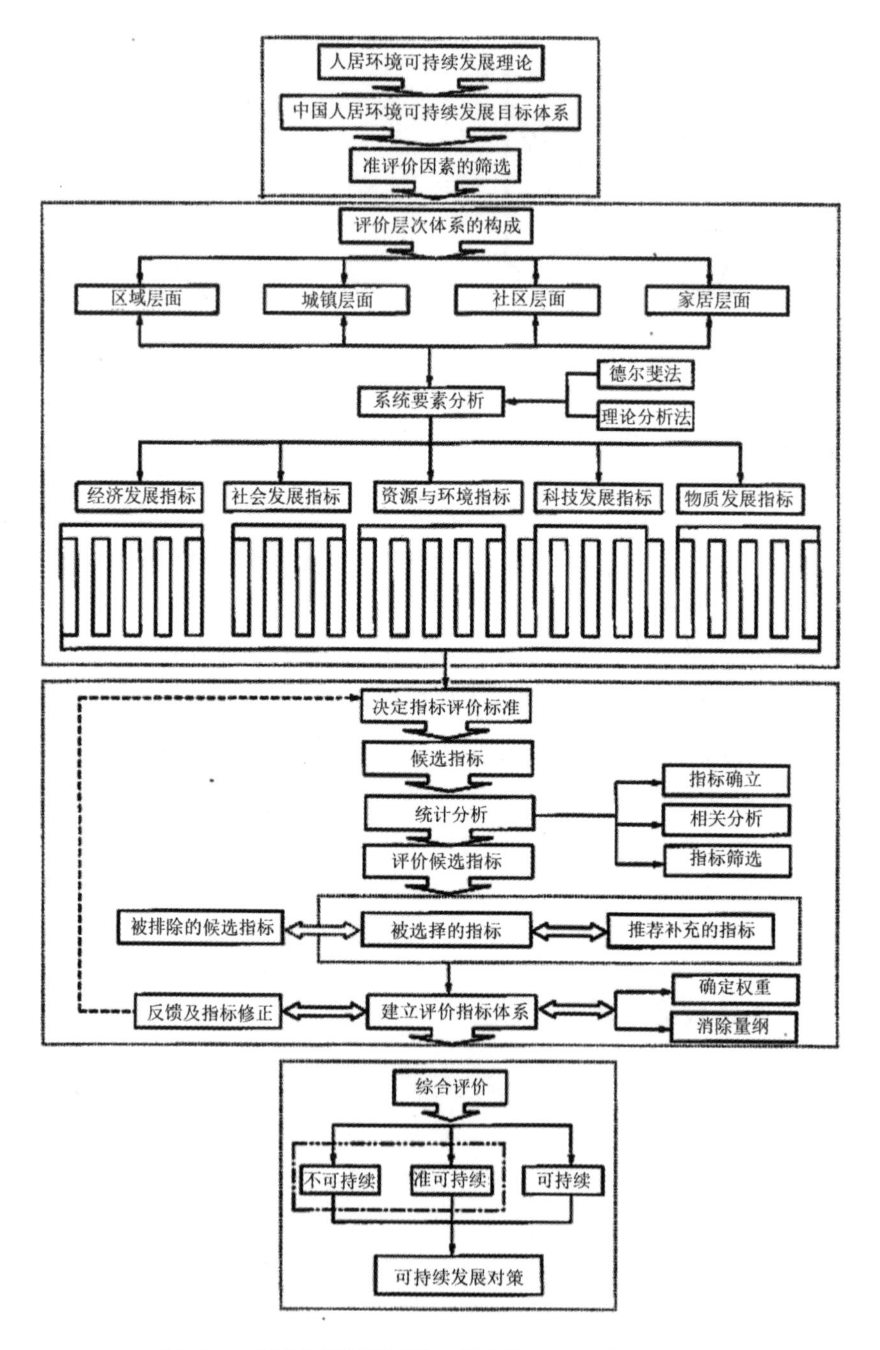

图 6-4　中国人居环境可持续发展指标评价体系框图

第五节　城市人居环境可持续发展评价指标体系运行实践

笔者所理解的人居环境包括最基本的家居住宅环境、社区邻里环境、城镇环境和区域环境等人类聚居的多个层面。因此，对可持续发展的人居环境评价指标体系的研究，必须建构在对多个不同层面的分析上。

前文针对人居环境可持续发展指标的确立及评价的程序和方法进行了探讨。那么，这套方法的可行性有多大？还存在哪些不足？是否具有可操作性？为了回答以上问题，本节对人居环境可持续发展评价指标体系进行了试运行。运行结果证明该评价指标体系建构与评价方法基本可行，具有一定的可操作性。

一、区域层面指标评价体系的建立

首先分析区域层面，结合不同区域的人口、社会、经济等统计调查资料，对不同自然条件和社会经济条件下的区域进行各个指标之间的相关分析，寻找出区域可持续发展的评价指标体系，见表 6-4。可以按照自然地域的条件来划分，也可按照经济发展水平划分为东、中、西部等地区。这可以根据需要来具体分类。这里只是探讨一种方法，所以统一进行。

表 6-4　中国人居环境区域层面评价指标样板模型建构

区域层面	按照我国人居环境自然条件地域分类					
	华北地区	东北地区	华东地区	华中华南地区	西南地区	西北地区
经济发展指标	HB－（Ⅰ）	DB－（Ⅰ）	HD－（Ⅰ）	HZN－（Ⅰ）	XN－（Ⅰ）	XB－（Ⅰ）
社会发展指标	HB－（Ⅱ）	DB－（Ⅱ）	HD－（Ⅱ）	HZN－（Ⅱ）	XN－（Ⅱ）	XB－（Ⅱ）
资源与环境	HB－（Ⅲ）	DB－（Ⅲ）	HD－（Ⅲ）	HZN－（Ⅲ）	XN－（Ⅲ）	XB－（Ⅲ）
科技发展指标	HB－（Ⅳ）	DB－（Ⅳ）	HD－（Ⅳ）	HZN－（Ⅳ）	XN－（Ⅳ）	XB－（Ⅳ）
物质发展指标	HB－（Ⅴ）	DB－（Ⅴ）	HD－（Ⅴ）	HZN－（Ⅴ）	XN－（Ⅴ）	XB－（Ⅴ）

采用频度统计法、理论分析法和德尔斐法以及参考本书有关评价体系的论述，初步得到 AIS 层面的一般指标体系。在建立一般指标体系之后，考虑被评价区域的自然环境特点和社会经济发展状况，以及指标数据的可得性，选取我国 31 个区域[①]的指标作为数据源，确定具体指标用于进行指标体系的筛选工作。该指标体系分为两级：一级指标 5 个，二级指标共 82 个。首先确定用于分析的区域层面的指标。

经过前述方法的分析处理，得出区域层面的经济发展、社会发展、环境发展、科技发展和物质发展的指标。

（一）经济发展指标

（1）GDP；

（2）固定资产投资；

（3）资源税；

（4）人均 GDP；

（5）GDP 投资率；

（6）三产占 GDP 的比重；

（7）基本建设占财政支出百分比。

（二）社会发展指标

（1）出生率；

（2）死亡率；

（3）未受过教育人群在 15 岁以上人群中的比例；

（4）大专以上人口；

（5）城镇恩格尔系数；

（6）每千人拥有医生数；

（7）公共图书馆；

（8）各地区交通事故发生数；

（9）教育事业占财政支出百分比；

---

① 由于港澳台地区的数据难以统计，仅选取了我国大陆地区 31 个省、市、自治区的数据，在以下研究中不再一一说明。

（10）社会保障占财政支出百分比。

（三）资源与环境发展指标

（1）园林绿地面积；

（2）自然保护区个数；

（3）生活污水排放量；

（4）每万人拥有环保人员数；

（5）人均拥有公共绿地面积；

（6）万元工业产值废水排放量；

（7）万元工业产值废气排放量；

（8）万元工业产值固体排放量。

（四）科技发展指标

（1）研发机构数；

（2）从业人员中大专学历比例；

（3）科技支出占财政支出百分比；

（4）科学事业占财政支出百分比；

（5）房屋建筑竣工面积优良品率；

（6）R&D 经费占总收入的比例。

（五）物质发展指标

（1）市区人口密度；

（2）人均居住面积；

（3）人均日生活用水量；

（4）万人拥有公共汽车数；

（5）城市用水普及率；

（6）城市煤气普及率。

二、城镇层面评价指标体系的建立

笔者选择华东地区的地级市及地级以上城市来分析，包括 63 个市的 56 项指标，分别分析其在经济、社会、资源与环境、科技及物质各层面的指标体系，具体分类见表6-5。

表6-5 我国人居环境评价指标城镇层面样板模型建构

城镇层面	华东地区人居环境按城市规模分类			
	超大城市与特大城市	大城市	中等城市	小城市
经济发展指标	A（Ⅰ）	B（Ⅰ）	C（Ⅰ）	D（Ⅰ）
社会发展指标	A（Ⅱ）	B（Ⅱ）	C（Ⅱ）	D（Ⅱ）
资源与环境发展指标	A（Ⅲ）	B（Ⅲ）	C（Ⅲ）	D（Ⅲ）
科技发展指标	A（Ⅳ）	B（Ⅳ）	C（Ⅳ）	D（Ⅳ）
物质发展指指标	A（Ⅴ）	B（Ⅴ）	C（Ⅴ）	D（Ⅴ）

（一）经济发展指标

在一般的评价指标体系中，市区的GDP、外商投资额、工业总产值等都是非常重要的指标，但是经过相关分析可以看出，市区的GDP与外商投资额和工业总产值的相关系数非常高，分别达到0.991与0.938，且在显著性水平为0.01的基础上，不相关的概率几乎为零。因此，笔者将其合并为市区的GDP这个比较有代表性的指标。以此类推，最终得到的城镇层面经济发展指标体系包括总量指标、人均指标和结构指标几个方面。具体内容如下。

（1）市区GDP；

（2）农、林、牧、渔业产值；

（3）固定资产投资总额；

（4）人均GDP；

（5）工业企业百元资金实现利税；

（6）第三产业占GDP的比重；

（7）住宅占固定资产投资总额百分比。

（二）社会发展指标

（1）就业率；

（2）人口自然增长率；

（3）非农业人口占总人口的百分比；

（4）卫生体育福利业从业人员；

（5）每千人拥有医生数；

（6）每千人中高等学校在校学生数；

（7）科学事业费支出占地方财政支出百分比；

（8）教育事业费支出占地方财政支出百分比。

（三）资源与环境发展指标

（1）人均耕地面积；

（2）人均园林绿地面积；

（3）环境噪声达标面积百分比；

（4）建成区绿化覆盖率；

（5）每平方公里 SO_2 排放量。

（四）科技发展指标

（1）万元产值用水量；

（2）万元产值用电量；

（3）科研技术从业人员百分比；

（4）工业废水排放达标率。

（五）物质发展指标

（1）市区人口密度；

（2）人均铺装道路面积；

（3）人均生活用水量；

（4）人均生活用电量；

（5）人均煤气家庭用量；

（6）每万人拥有公共汽电车辆。

三、社区层面指标评价体系的建立

社区作为一个社会生活共同体，体现出自下而上的、横向联系和横向分布的网络化的结构特性，是分析和把握基层社会的重要概念。但是，街道由于具有可塑性、灵活性等特点，更适合成为制度创新、组织创新的领域和载体，成为政府培育和发展社区的主要组织机构。因此，在相当长的一段时期，街道机构及其行政区域仍是我国社区研究的基本概念，是社区发展的主要组织资源。也就是说，街道绝不是社区本身，也不能完全代替社区，但却是认识和把握社区的基础与对象。

在此选择上海市某街道作为社区分析的切入点，按照各街道的建设投入、经常维护的物质和能源消耗、目前的环境评价、公众的社会评价等因素，分析社区人居环境可持续发展的经济、社会等问题。但由于街道指标难以获取，且就目前的指标来看，不同街道的指标差异性较大，难以进行相关分析，数据具有较大主观性，建议在今后开展该项指标的积累工作。目前，只能在初步分析的基础上，主观地选取一些指标，从而得出较粗略的、社区层面的指标评价体系。

（一）经济发展指标

（1）社区基础建设总投资；

（2）社区公共投资总量；

（3）社区居民平均人均收入；

（4）社区企业利润。

（二）社会发展指标

（1）计划生育率；

（2）人口密度；

（3）平均预期寿命；

（4）负担人口系数；

（5）优抚对象接受社区服务比例；

（6）学龄儿童入学率；

（7）社区居民参与社区工作的比率。

（三）资源与环境发展指标

（1）噪声控制达标率；

（2）烟尘合格率；

（3）社区水体质量；

（4）绿化覆盖率；

（5）垃圾分类化及定时定点倾倒率。

（四）科技发展指标

（1）科普工作者人数；

（2）有线电视覆盖率；

（3）社区安保系统覆盖率；

（4）污水重复利用率；

（5）现代通信设施普及率；

（6）建筑节能率。

（五）物质发展指标

（1）社区服务中心面积；

（2）人均居住面积；

（3）电话拥有量；

（4）煤气普及率；

（5）人均道路面积；

（6）社区交通便捷程度；

（7）商业网点服务半径。

四、家居层面指标评价体系的建立

该层面的评价指标，大多属于定性条目的定量化指标。对于这种类型性质的指标，只能借助于模糊理论的概念和方法，使其半定量化。采用评分的简便方法，即按具体情况将其人为地分成若干等级，一般分成三级或五级。在调查表中，按照等级的高低排序，用代号（1）、（2）、（3）等分别代表不同的选项。调查表中的大多数指标均可用本方法进行定量化处理。

该层面可按照不同的自然地域划分，再进一步按照城市的等级规模划分，得到以下矩阵。笔者在此选择华东地区上海市周边13个镇的48项指标做代表性的分析。根据其能源消耗、住户评价等方面的第一手调查数据，定量分析及评价住宅建设发展的环境、经济、社会等问题，得出家居层面的评价指标体系，结构模型如图 6-5 所示，具体分类见表 6-6。

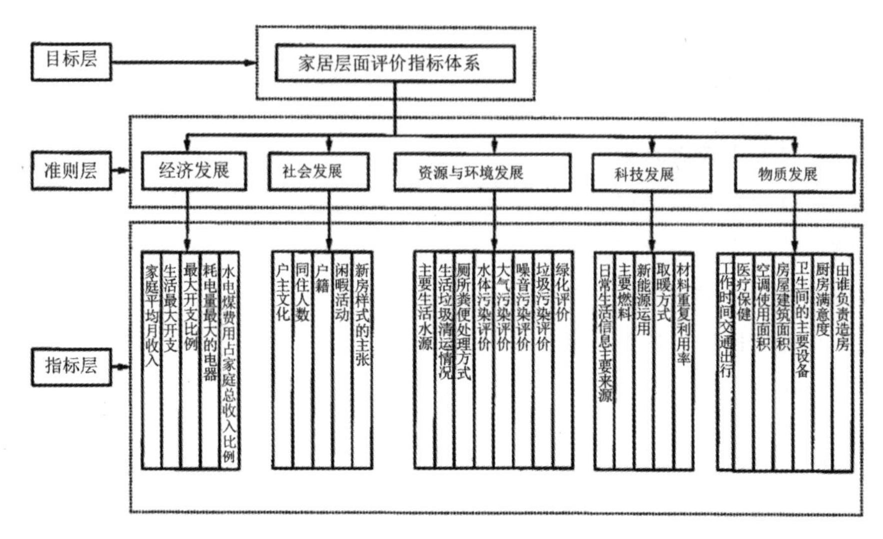

图 6-5 人居环境可持续发展家居层面评价指标体系层次分析结构模型

表 6-6 我国人居环境评价指标家居层面样板模型建构

家居层面	人居环境按城市规模分类			
	特大城市与超大城市	大城市	中等城市	小城市
经济发展指标	A（Ⅰ）	B（Ⅰ）	C（Ⅰ）	D（Ⅰ）
社会发展指标	A（Ⅱ）	B（Ⅱ）	C（Ⅱ）	D（Ⅱ）
资源与环境发展指标	A（Ⅲ）	B（Ⅲ）	C（Ⅲ）	D（Ⅲ）
科技发展指标	A（Ⅳ）	B（Ⅳ）	C（Ⅳ）	D（Ⅳ）
物质发展指标	A（Ⅴ）	B（Ⅴ）	C（Ⅴ）	D（Ⅴ）

(一) 经济发展指标

(1) 家庭平均月收入；

(2) 生活最大开支；

(3) 最大开支比例；

(4) 耗电量最大的电器；

(5) 水、电、煤费用占家庭总收入比例。

（二）社会发展指标

（1）户主文化；
（2）同住人数；
（3）户籍；
（4）闲暇活动；
（5）新房样式的主张。

（三）资源与环境发展指标

（1）主要生活水源；
（2）生活垃圾清运情况；
（3）厕所粪便处理方式；
（4）水体污染评价；
（5）大气污染评价；
（6）噪声污染评价；
（7）垃圾污染评价；
（8）绿化评价。

（四）科技发展指标

（1）日常生活信息主要来源；
（2）主要燃料；
（3）新能源运用；
（4）取暖方式；
（5）材料重复利用率。

（五）物质发展指标

（1）工作交通出行时间；
（2）医疗保健出行时间；
（3）空调使用情况；
（4）房屋建筑面积；
（5）卫生间的主要设备；

（6）厨房满意度；

（7）由谁负责建筑的施工。

第六节 中国城市人居环境可持续发展评价体系分析研究

中国人居环境可持续发展评价体系建构的研究逐步攻克了评价理论建构指导思想、工作技术路线、推进思路，以及模式选择、指标取选、评价系统建构等一系列困难，最终确立了一套可持续发展的中国人居环境评价体系，并在此基础上分别在选定的区域、城镇、社区和家居层面展开了对本系统的测试，同时在测试的过程中针对可行性进行了反复修正，以适应中国各地区地理环境条件、各地区社会经济发展状况的多样性；还根据官方公开的统计资料的可达性制约条件再次修正了本系统，证明本系统具有可行性和可操作性，同时也发现许多难点和尚待解决的问题。

一、可持续发展人居环境评价指标数据的不完整性

在确定备选指标的过程中，如果一个指标不在被考虑的选择集合之中，就不可能被选中。由于人居可持续发展评价指标系统涉及的范围较广，需要的信息量大，所以理想的做法是考虑所有可能的指标，但是这种做法实现起来有一定困难。当然这并不是说可以只用少数的指标提炼出一套指标体系，从长远来看，要制定出完全可行的、覆盖面广泛的评价指标体系，需要有长期的资料积累。这将是一项长期而艰巨的系统工程。

二、人居环境可持续发展评价指标定量的难度

经济发展指标一般较易建立，但社会发展指标、资源环境指标等难以量化，有些数据目前难以获取，如饮水卫生程度、城市噪声、资源开发利用程度等。不过，随着科学技术的发展以及人们对可持续发展认识程度的加深，这些指标将会逐渐实现量化。

三、人居环境可持续发展评估方法不够成熟

目前，国内外建立的可持续发展指标评价体系的适用范围较小，实用性还有待改进，而且有些没有经过严密的推理，仅凭经验判断得出，缺乏科学依据。这需要我们尽可能采用科学的评价方法，选取大量且具有代表性的数据，选择权威的专家。

四、技术方面存在的问题

由于指标的数量不同，所得的指标分类的数量会有很大的差别，最终导致指标体系的选取产生较大的差异。指标数量越少，差异越明显。由此可见，我们所进行的分析只是在探讨一种可行的方法，要想得到完善的评价指标体系，还有待今后更进一步的探讨和研究。

五、AIS 体系构建是一项长期的工作

由于 AIS 系统涉及面广，需要的信息量大，建立一套完善的指标评价体系是长期而艰巨的工作，需要广泛征求专家意见，反复交换信息，进行大量的统计处理和归纳工作，并要有目标地逐年建立和完善相关的统计指标。本章第五节的结果只可作为参考，不能作为最终的、完善的指标评价体系。

人居环境可持续发展评价体系是可持续发展人居环境建设的重要内容之一，本章仅仅对评价的基础理论、原则、方法、评价指标等做了初步的探索。鉴于对象的复杂性，不同经济、社会的发展水平、自然环境的差异以及可获取的信息条件，目前还不可能提出简便的、统一的、可直接套用的办法。人居环境可持续发展评价体系的根本目的不在于评出胜负，而在于帮助我们找到可以改进的方向，以便更有效地推进可持续发展战略的落实。

第七章 可持续发展视域下中国城市人居环境保障体系创新研究

关于人居环境可持续发展的建设，全国各地已经有了大量的实践，但这些多集中在居住小区和住宅的建设方面。如果要把可持续发展人居环境的建设推向区域、城镇、社区等各个层面，除了继续实践外，更重要的是要建立可持续发展人居环境保障体系。

第一节 中国人居环境可持续发展的法律保障

一、法律是人居环境可持续发展的重要保障手段

在当前中国快速城镇化的背景下，在大规模的城市建设过程中，实现可持续发展人居环境的建设目标除了依靠科学决策、行政管理外，法律也是一项非常重要的保障手段。

联合国《21世纪议程》中明确指出："为了有效地将环境与发展纳入每个国家的政策和实践中，必须发展和执行综合的、可实施的、有效的并且是建立在周全的社会、生态、经济和科学原理基础上的法律和法规。"从西方国家的城市开发建设实践来看，他们非常重视运用法律手段来调整各种建设行为。作为一种最稳定的规范力量、强制力量和保障力量，以立法形式保障城市建设目

标的有效实施无疑具有重要的意义。例如，英国1945—1970年的新镇开发和建设就是基于相应的立法规范才能不断推进。基于巴罗报告（以英国Anderson Montajue Barlow爵士命名的委员会于1940年提出的研究报告）和里思报告（以Lord Reith勋爵命名的委员会于1946年提出的研究报告），为疏解伦敦过度拥挤的人口，英国政府决定在伦敦边缘绿带的外围建设新镇，并于1946年颁布了《新镇法》（New Town Act），第一次以立法的形式提出"在英国境内建立不同规模等级的新镇，是中央政府的一项长期的城市开发政策"。《新镇法》还对于新镇开发机构、开发资金来源、新镇开发的土地以及新镇人口规模等问题做出了相应规定。随着开发推进，《新镇法》于1959年和1974年进行了修订，更加有力地促进了英国各地的新镇建设。美国在1978年全球石油危机的背景下，修订颁布了《公用电力公司管理政策法案》，针对能源短缺和价格上涨，制定了新的电器能耗标准。1992年又颁布了《能源政策法》，规定开发和利用太阳能、风能、生物能及沼气等新能源将享受税收优惠。

虽然这些立法并非是基于可持续发展的战略而提出的，但运用法律的手段来疏解城市人口、改善城市环境、保证节约能耗、鼓励和保障使用新能源、推广新技术并淘汰落后的工艺等，都与可持续发展的战略思想完全一致。这对于以法律的手段保障人居环境可持续发展是有力的启示。

二、人居环境可持续发展法律保障的研究视角和研究范围

（一）可持续发展的法律保障

可持续发展比人居环境可持续发展的外延要宽泛得多。在经济、社会和环境这三个可持续发展的基本构成要素中，人居环境可持续发展应该属于环境方面。

鉴于可持续发展是20世纪末才形成的人类发展理念和社会发展战略，可持续发展法律保障的研究可以说是一个全新的领域。可持续发展所涉及的法律领域，包括了对传统法律的全方位检讨和变革。一方面可能要深入法律思想、法律观念、法律的价值取向等法律理论进行深层次探究；另一方面则涉及宪法、环境法、行政法、民法、刑法、诉讼法等具体法律部门的改革。

（二）人居环境可持续发展法律保障的研究视角

法律研究的领域十分广泛，这里的研究范围主要围绕保障人居环境可持续发展的核心，而非一般宽泛的可持续发展概念。顾名思义，人居环境是人的生活居住环境，属于一种建成环境。人居环境可持续发展的法律保障就是要以可持续发展为原则、为目标，通过法律来规范人居环境的开发、建设行为，调整开发建设过程中发生的各种关系，即市民、开发商、地方政府等利益主体之间的关系。① 从本质上看，这是一种利益分配关系的调整。

（三）研究范围

基于规划专业研究的范畴，笔者将范围集中于人居环境可持续发展法律保障研究所涉及的具体法律领域，主要包括城市规划及其相关的法律法规，如《中华人民共和国环境保护法》（简称《环境保护法》）、《中华人民共和国土地管理法》（简称《土地管理法》）等。

三、人居环境可持续发展的利益关系

（一）人居环境可持续发展是社会公共利益的一项重要内容

利益分为个人利益、集体利益、社会利益和国家利益。《中华人民共和国宪法》第五十一条规定："中华人民共和国公民在行使自由和权利的时候，不得损害国家的、社会的、集体的利益和其他公民的合法的自由和权利。"

社会利益的主体是公众，即公共社会。社会公共利益的主体既不能与个人、集体相混淆，也不是国家所能代替的，尽管社会利益表现在权利形式上，其主体可以是公民个人、法人、利益阶层或国家。作为社会利益主体的公共社会，比社会学所谓的"群体"、政治学所谓的"阶级"更为宽泛。它是由无数个体、群体组成的，每个个人和群体都是其中的一个分子，但又不同于其他个人和群体。在西方法学中，庞德关于社会利益的学说是较为著名的。在此基础上，我国法理学者孙笑侠认为，社会利益是公众对社会文明状态的一种愿望和需要，其内容也不是像人们所说的那样不可捉摸，它包括：

① 聂梅生，柴文忠.我国人居环境现状和改善对策[J].中国人口.资源与环境，1994(3)：58-62.

(1)公共秩序的和平与安全;

(2)经济秩序的健康、安全及效率化;

(3)社会资源与机会的合理保存与利用;

(4)社会弱者利益(如市场竞争社会中的消费者利益、劳动者利益等)的保障;

(5)公共道德的维护(这在任何市场经济国家中以及其任何发展阶段内都特别突出);

(6)人类朝文明方向发展的条件(如公共教育、卫生事业的发展)等方面。

综上所述,社会利益的内容涉及众多方面,包括经济秩序、社会公德和社会公共事业资源的合理开发与利用、个人机会公平及最低生活标准的保障、社会弱者利益保护等。因此,社会利益的内容是政府制定公共政策、立法机关或法院解释有关公共政策、法律条文时所必须考虑的。而且,随着社会文明的进步,社会利益的内容也在不断地丰富。从西方国家的发展历史来看,维护市场经济秩序和维护社会公德是其社会利益的基本内容。当前,随着可持续发展的思想被普遍接受,并成为各国社会经济发展的基本战略,资源的可持续开发与利用以及经济、社会和环境的可持续发展已经成为整个人类社会的共同利益。因此,建设可持续发展人居环境既与人的居住生活等社会行为密切相关,又与环境资源的开发与利用不可分割,它无疑是当前社会公共利益的一项重要内容。

(二)人居环境可持续发展中的其他利益主体

利益主体和利益形态蕴含在可持续发展人居环境的建设过程中。《21世纪议程》在关于“促进稳定的人类居住区的发展”的表述中,提出了八个方面的内容。从中可以看到三类利益主体的凸现——市民、地方政府、开发商人。具体内容如下。

第一,为所有人提供足够的住房,意味着拥有合适的住房是每位市民的权利,也符合每位市民的利益需要。除住房之外,每位市民对于居住环境的需要和追求也是一样的,包括新鲜的空气、生态化的环境、各项基础设施的配套完善以及社区问题的解决等。这些是可持续发展人居环境建设的重要内容。

第二，在建设可持续发展人居环境中，地方政府负有重要的责任，如引导社区提供可持续发展的土地利用规划管理、进行基础设施配套、推广可循环的能源和运输系统等。这些是地方政府的责任，也是地方政府的职能，但不是地方政府的利益需要。

第三，开发商在住区的开发和建设中也承担着重要的责任，即使开发行为向促进实现人居环境可持续发展的方向发展。这当然只是一种理论上的希望，因为市场经济条件下开发商的根本利益非常明确——从每块土地的开发中获取最大的利润，而不是考虑开发出的人居环境是否符合可持续发展。

（三）人居环境可持续发展的利益关系分析

随着人类社会、经济的迅速发展以及城市功能的日益复杂，社会利益作为一种独立的利益形态，已经成为社会共同关注的问题。而包含着资源开发与利用、生态环境保护、城市住房供给和城市公共设施配置等内容的人居环境则代表了人类自身生活居住环境建设的方向，是社会可持续发展目标的重要内容之一。但是，作为一种社会公共利益，人居环境并不能完全代表地方政府或开发商利益所需要的住区形式，并且不会自动地实现。因为，在人居环境的实际开发和操作过程中，各种利益主体的不同需要时刻充满着竞争和冲突。

众所周知，市场机制是市场经济中配置资源的一种方式。诺贝尔经济学奖得主布坎南认为，在市场里人们会基于自利而追求自己的福益；在推崇民主和公正的政治过程中，这一规律也同样适用，因为谁都不希望把垃圾堆放在自己家的后院。这深刻地说明，市场主体首位的选择是自己的具体需要得到满足和具体利益不受到损害。同样，在住区的开发建设过程中，无论是市民、开发商还是地方政府，他们更关注的往往是自己或地方的利益，而不是虚无缥缈的公共意志和人居环境是否可持续发展。例如，人居环境可持续发展要求为所有人提供足够的住房，但富裕的人群追求的不是达到标准，而是超大面积且豪华的住宅，因此，他们不惜占用稀缺的土地资源和其他资源。对开发商而言，可持续发展的住区环境固然有吸引力，但是他们首先会考虑资金投入与利润回报的问题。因此，在各类利益主体的作用下，社会利益不会自动得到保障，可持续发展的人居环境目标不会自动得到实现。在价值取向基础上，调整这些矛盾的利益关系正是法律保障的作用所在。

四、人居环境可持续发展的法律保障之一：理念层面

立法的思想和理念是法律制定的理论基础和前提。要研究当前建设可持续发展人居环境的法律保障以及法律改革的问题，首先应该正本清源，探讨相关立法是否确立了可持续发展的理念及价值取向。

（一）我国现行相关法律的立法背景

总的来看，我国现行的与人居环境建设相关的立法，包括城市规划、环境保护、土地管理、其他资源利用等方面，大多是在 20 世纪 80 年代末、90 年代初制定并颁布的。从立法的社会经济宏观发展层面上分析，尽管我国于 20 世纪 80 年代初就实行了改革开放，但是经济改革的目标并不明确（这一阶段的经济改革还是实行有计划的商品经济）。直到 1992 年，在党的十四大上，才明确提出了“建立社会主义市场经济”的改革目标，市场化改革才开始在社会领域的各个层面推进。因此，当时我国的立法工作无疑会受到计划经济及其社会思想的影响。从可持续发展思想的发展时间上来看，可持续发展在 1987 年才被提出，我国则是在 1994 年由国务院通过的《21 世纪议程：中国 21 世纪人口、环境与发展白皮书》中正式确立了可持续发展战略。因此，要在上述与人居环境建设有关的立法中体现可持续发展思想既不现实，也不可能。

（二）现行相关立法在理念上面临的挑战

首先，现行相关立法缺乏维护社会利益和公众利益的思想。而建设可持续发展的人居环境既是当前社会利益的一项重要的、真实的内容，同时也具有社会公共利益的普遍特征。因此，立法缺乏社会利益保障的思想，将无法从本质特征上应对和把握可持续发展人居环境提出的问题和挑战。到目前为止，从中央的核心规划法律到地方性法规，基本没有涉及社会利益保障的法律条款。在我国的城市规划建设领域，社会利益已经成为一种具有具体内容的利益形态，其法律保障的诉求也越来越强烈，但是规划立法理念还相对滞后、相对缺乏。

其次，现行相关立法缺乏对于可持续发展理念的表达。从人居环境开发建设的角度看，城市规划立法对于其可持续发展目标的实现无疑具有重要的保障意义。但是《中华人民共和国城市规划法》（简称《城市规模法》）第一章第

一条这样规定："为了确定城市的规模和发展方向，实现城市的经济和社会发展目标，合理地制定城市规划和进行城市建设，适应社会主义现代化建设的需要，制定本法。"显然，可持续发展理念并没有在调控城市建设发展的法律目的和法律原则中体现出来。也许人们可以从"城市的经济和社会发展目标"深处去解释，但是显然可持续发展战略思想、可持续发展目标在法律层面上没有受到重视，那么人居环境可持续发展自然难以在法律上得到有力的保障。

（三）法律改革的建议

随着社会的发展和进步，社会公共利益的内容也在不断丰富。建设可持续发展的人居环境是伴随着可持续发展思想被普遍接受而新形成的人类对于生活环境的共同要求，是社会利益的新内容，同时它在主体和内容上具有社会利益的普遍特征。因此，立法引入可持续发展的理念并不困难。但要从本质属性上理解这一立法理念，并在相应的立法原则和立法技术中支持这一理念，必须首先确立维护社会利益和公众利益的价值取向，即要表达社会本位的法律思想。从法律调整的对象和具体领域看，无论是《城市规划法》，还是《土地管理法》和《环境保护法》，它们的调整对象都是土地、水、矿藏、海洋、森林、自然遗迹、人文遗迹等公共资源的开发和利用。而面对公共资源的使用，法律必须体现社会公平的原则，既要满足当代人的要求，又不损害后代满足其自身需求的、能力的、发展的、代际间的公平，还要维护发达国家、富裕群体与发展中国家、低收入群体间的区际与人际间的公平，保障社会公共利益的实现。

明确了法律保障社会利益的价值取向，建设可持续发展人居环境的理念就应该在相关的立法中得到具体体现。这些相关立法包括：《城市规划法》应规范城市各项开发建设行为；《土地管理法》涉及土地开发的可持续使用；《环境保护法》则围绕各种自然环境和人工环境的使用进行规范，保护和改善生态环境。对于建设可持续发展的人居环境理念，除要确立中央立法外，地方建设与人居环境有内在关联的相应立法也要以此为原则，如地方关于农村个人住房的建设管理办法、地方关于住区规划和村镇规划的编制技术规定等。对于直接规范城镇开发实施的地方性法规，不仅要确立可持续发展人居环境的理念，而且还要有互相配套的地方法规、条例、规章以及各种规范等，以期在具体条款中予以落实，如住宅建设中大众住宅的标准，推广新技术应用的规定，节能技术标准的设计规范，道路、公共设施的合理、有效配置，水、电等能源的可持续供给的经济技术指标等系列性法规、条例、规章、规范的制定与执行等。

五、可持续发展人居环境法律保障之二：实施层面

厘清立法理念和价值取向，奠定立法的法理基础，这是一个理论性的前提问题。但是，理念在法律上原则性地确立和表达，只是迈出了旗帜性的一步。这种理念能否在法律调控的具体社会实践中实现，进一步在法律实施层面或具体法律条款中落实和衔接至关重要。针对建设可持续发展人居环境的目标，现行法律在实施层面上面临着几个关键性的改革，如社会利益的“虚拟”主体如何转化为法律确定的权利主体、如何加强程序正义以使各方利益主体能够公平参与和充分碰撞等。

（一）现行法律在实施层面上面临的关键问题

从社会学的角度看，法律的社会作用就是承认、确定、保障和实现各类利益，调整各类利益之间的分配关系。正如庞德所说的“在近代法律的全部发展过程中，法院、立法者和法学家们虽然很可能缺乏关于正在做的事情的明确理论，但是他们在一种明确的实际目的的本能的支配之下，都在从事寻求对各种冲突的、重叠的利益的实际调整和协调方法，以及（在不可能做得更多时）进行实际的妥协。”如果按照德国法学家耶林的理论，保障实现的利益必须转化成法律上特定的权利，主体能够通过法定权利，在法律规范的范围内追求和维护自己的利益。

依此分析，人居环境可持续发展作为一种社会利益，必须在法律上确立代表其利益的权利主体。但是，同其他社会利益一样，建设可持续发展人居环境的社会需要表现在法律权利形式上，其主体是公众，即公共社会。作为社会利益主体的公众，本质上是一个外延比较宽泛而实体却比较抽象的概念。公众包含着城市中每个市民个体和群体，但绝不是每个个体愿望和群体愿望的简单相加和混合。在人居环境的建设过程中，不仅开发商、政府和市民之间的需求不一样，不同市民之间的愿望也不一样，有的拥有一套合适的住房即可，而有的却希望住在拥有大花园的豪华别墅里。那么，谁又能够真实代表建设可持续发展人居环境的利益需要呢？由此看来，其利益的代表主体——公众，实质上是

一种虚化的、抽象的主体。因此，实现人居环境可持续发展，就不可能像其他利益那样依靠确定主体的追求和活动。在当前城市开发建设中，正是由于社会利益的法律主体缺位和法律保障意识不强烈，侵害公众利益（包括损害可持续发展人居环境建设）的恶劣建设事件才时有发生。例如，武汉市某开发商竟然在长江防洪堤内开发、建设了滨江花园楼房，阻碍了长江泄洪通道，直接威胁到武汉市人居环境最基本的安全问题。还有，某地有一座矿山，当地农民为致富不经过可行性研究和统一管理，或以个人、或以群体各占山头采掘淘金，极大地破坏了山体植被，不仅在汛期造成了山体滑坡，而且随意倾倒的淘金矿渣还污染了山脚地区的一条河流。

尽管社会利益的主体虚化，但可持续发展人居环境的社会需要必须得到保障。这就要求要改革城市规划及其他相关法律制度（如土地管理、环境保护等）。

（二）法律改革建议之社区的权利

人居环境可持续发展作为一种社会利益仍是一个非常抽象和模糊的概念，其内容也容易被错误理解。正如法学家陈锐雄所言，公共利益，因非常抽象，可能言人人殊。如果要将社会利益本位的法律价值取向和建设可持续发展人居环境的法律理念转化为法规中的具体法律原则和条款，并且在城市人居环境开发建设中得到切实的保障和实现，公众利益必须寻找其依托和实现的物质载体——社区。

社区不仅是一个城市规划概念，也是一个社会学范畴。社区既指一定的地域实体，也指以一定地理区域为基础的社会群体。这一地域群体具有共同的意识和共同的利益。基于一定的社区组织，社区居民能够参与社区各种活动和社会事务。社区能够附着社会公共利益，促使实现人居环境可持续发展的目标的原因如下。

第一，社区发展能够代表公众对环境建设的共同要求和公众利益的取向。社区发展是指社区居民在政府机构的指导和支持下，依靠本社区的组织力量，改善社区经济、社会和环境状况，解决社区共同问题，提高居民生活水平和促进社会协调发展的过程。

第二，社区能够成为城市开发建设中维护公共利益的物质中介，这是因为社区的外延大至一个城市，小到一个街坊，社区的环境构成了市民居住、工作、交往和休憩的物质空间，涵盖了城市规划的主要物质对象。

第三，也是最重要的一点在于，社区能够提供公众参与规划的组织基础和制度化途径。由社区居民构成的社区组织是市场经济下的主要社会力量之一，其最能代表公众的整体利益。

综上所述，抽象的社会利益能够依托社区被法律确认并转化成具体的权利，从而公共利益的主体就可以转化为具体的社区发展，并依靠社区组织予以保障实施。因此，针对建设可持续发展人居环境的目标，相关立法应该明确社区的权利主体地位，并进一步规范其权利范围、组织形式、参与社区环境建设的程序等具体操作性的条款。

（三）法律改革建议之各方利益主体的公平参与

从法理学来看，调整相互竞争和相互冲突的利益关系，并促使它们达到相对平衡，必须在公开的、规范化的程序下进行，让各方利益主体进行公平的对话和谈判，最终达到最大程度的妥协和统一。而人居环境的开发与建设涉及城市公共资源的使用和分配，在可持续发展的法律理念下，程序公平的意义尤为重要。

首先，市民拥有得到高质量生活居住环境的自然权利，进而拥有参与影响自身环境变化的城市开发与决策的权利，这是建设可持续发展人居环境这一社会公共利益获得保障的前提和基础。相关立法要强调社会利益的保障，不能摒弃个人权利和个人利益。因此，在实施层面上，相关立法不仅要确认人居环境开发与建设中市民的各种合法权利，而且要将市民参与权利的发挥与社区权利的制度化规范有机结合起来，通过社区组织的运作，引导并组织市民将权利的发挥朝向可持续发展的人居环境目标。

其次，市场经济下，在城市开发建设中开发商追求利润的行为本身无可厚非，他们的利益应该得到承认。但是在多大程度上保障其利益的实现，在多大程度上限制其利益的实现，则要以可持续发展人居环境的社会利益需要为尺度。

综上所述，以各方参与、程序公平为原则的法律规范框架如下。

（1）城市规划法和土地管理法、环境保护法必须确立维护社会利益的价值取向，以及建设可持续发展人居环境的法律原则。

(2) 引入可能支持社会利益的力量，保障其法定权利，规范其参与规划和开发过程的法定程序。这些力量包括市民（部分）、其他社会组织（环境组织、生态保护组织、市民巡访团等）、规划师、地方政府等。

(3) 适当限定有侵害社会利益倾向的主体的权利。这些主体包括开发商和市民（部分）。

对可持续发展人居环境建设进行法律规范和法律保障是一个大系统、大工程。既要厘清和确立法律的价值取向等立法的基础理念问题，又要在相应的法律权利确认和程序规定等关键的实施性问题上进行配合。此外，在具体法规的支持方面，从技术上规范城镇开发与建设的一些技术标准与规范（包括中央和地方两个层面）对于可持续发展人居环境建设具有积极和重要的作用。

毋庸置疑，绿地是人居环境可持续发展的重要滋养要素之一。下面我们就以上海市建设中村镇和城市居住区绿地规划的技术规范为例，分析如何在具体法规的技术层面上支持可持续发展人居环境的目标。

在上海市村镇规划建设中，《上海市村庄规划编制导则》（试行）规定，村镇绿地系统包括公共绿地、防护绿地和生产绿地，其中公共绿地指标每人不小于3～4平方米，依此标准计算，上海平均1 500人规模的村落的以草坪、花木、硬地为主的公共绿地应达到6 000平方米左右。其实，村镇的绿地概念与城市绿地概念在内涵上有很大的差异，如在村庄和集镇周边的大片农田具有净化空气、调节气候等生态功能，但这些并不属于城市公共绿地的范畴。如果在村镇规划技术标准中沿用城市公共绿地的形式和指标，不仅不符合农村的自然环境和人文特征，还会占用大量的资金。因此，在村镇规划技术规范中要强调“生态绿地”的概念，包括农田、鱼塘、林地、花卉、果园及河流水面在内的综合绿地系统，特别要强调以生产性花卉、苗木等具有农村环境特色的绿化用地。相应的，在集镇规划用地分类中，从人居环境角度出发，与集镇用地、农村居民点用地、工矿企业用地、对外交通用地和副业用地相对应，可以考虑将农田、林地、果园、防护林地和河流水面划归成一类用地——生态绿地。

在上海市的住区开发中，《城市居住区规划设计规范》只规定了居住区总用地中的绿地比例和人均绿地指标，却并没有关于住区开发的绿地如何进行绿化配置的相关规定。而在上海实际开发建设的过程中，开发商在无标准可循的情况下，往往会在符合面积指标的居住区绿地中盲目建设中心广场和大面积的草坪，形成人们习以为常的“创造景观”现象。但是，从生态学角度分析，草坪的环境生态效应远远不及同面积的乔灌木。鉴于此，上海市在2002年出台了《上海市居住区绿化配置标准》，对树种选择和乔、灌、草等用地的比例做出了具体的规定，引导城市住区开发形成更具生态效应的环境。

综上所述，国内外的经验都能够证明运用法律手段保障可持续发展战略的实施是强有力的。在法律面前人人平等，大家都要遵守法律的规定。但问题的关键在于法律的价值取向，是维护富人的利益还是维护穷人利益。应该说维护可持续发展战略的实施就是维护了全人类长远的共同利益，因为只有一个地球，而地球正变得越来越拥挤，环境正在急剧恶化，面对共同的未来，全人类只能有一个选择，即走可持续发展之路。人类在营造自己的住区环境的同时，也应做出战略性的抉择。例如，提倡人人享有适当的住房，就是要反对奢侈、挥霍无度，反对对大自然的过量索取。为了人类可持续发展，我们必须要有节制地消费。大自然的资源是公共的资源，人人具有平等享用的权利，富人并没有多享用公共资源的特权。对于不可再生资源，人类必须将发展控制在地球的承载能力范围之内。对于超量占用公共资源的情况，应加以额外的税赋。这才是维护人居环境可持续发展立法的法律价值取向。

我国现行的法律多是在可持续发展战略确立前制定的，因此，许多现行法律对可持续发展战略价值取向的反映并不充分，现在更重要的是国家应在系列性法规、条例、规章、规范的制定方面做出努力并予以执行，充分发挥法律对人居环境可持续发展的保障作用。

第二节　基于可持续发展的中国人居环境投资、融资体制保障

1992年，联合国环境与发展会议调查表明，1993—2000年发展中国家每年用于遏制和扭转环境恶化趋势的费用约6 000多亿美元，其中要求发达国家向发展中国家每年提供官方发展援助（ODA）1 250亿美元，另外5 000亿美元由发展中国家自行筹集。由此可见，可持续发展的资金筹措对于改善人类住区环境、建立可持续发展的人居环境投融资机制具有重要的意义，是除科学决

策、法律保障之外的另一个重要保障。

一、资金来源

人居环境的建设投资除了家居层面外，还有区域的、城镇的以及社区层面的大量投资。例如，上海市自20世纪90年代以来，在基础设施建设方面取得了巨大的成就，如完成了“三纵三横”骨干道路的拓宽改造，建成了“申字形”高架路，在黄浦江上架起了4座大桥，建设轨道交通60多公里；推广节水马桶、中水系统；在中心城区建成了延中绿地等多处大型公共绿地等，使上海市的天更蓝、水更清、地更绿、居更佳，大大改善了上海市的人居环境。上海市的环境建设和管理投资额已连续数年超过全市GDP的3%。其主要的资金来源于：

(1) 利用土地资源获得资金；

(2) 利用外来资金，吸引外资搞建设；

(3) 银行借贷，实行项目融资；

(4) 盘活现有资产，实行市场化运作；

(5) 推行市政、公用设施有偿使用，自我积累；

(6) 加强资金监管，通过节约获得效益。

然而根据对上海市郊区13个镇的调查中，除个别镇外，上海市近5年来的城镇建设投资来自政府地方财政投资（均占到83%）和上级财政拨款（占13%），如图7-1所示。从对基础设施的投资可以看出，政府财政投资仍是目前上海小城镇建设的主要资金来源，是启动小城镇建设的主要力量。

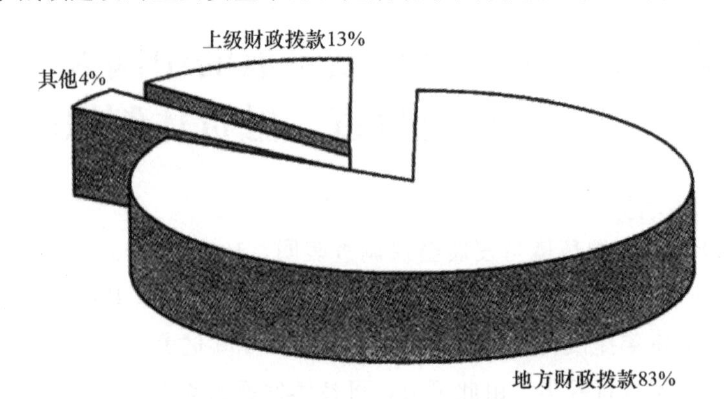

图7-1　上海郊区乡镇建设资金构成

二、建设资金投资分配与建设标准的控制

稳定的宏观经济政策和环境政策是动员和维持国内外资金用于可持续人居环境建设的基础。较好的政策环境不仅可以提高收入，还能够改变生产和消费模式，从而达到社会层面的可持续发展，使可持续发展成为一种风尚。

可持续发展的城镇环境建设资金筹措是一个动态的、连续的过程，除了事先要有周密计划外，还需要建立一套监管体系，实时反馈资金的使用和投向情况，以纠正和修改不当的使用，及时改善资金来源的渠道和筹措方式。因此，资金筹措应根据不同的地区、不同的发展阶段、不同的历史基础、不同的规划定位和国内、国际不同的形势制订符合不同情况的筹措方法。

如何合理分配有限的资金，是有效落实可持续发展战略的另一个重大问题。一般应通过加强基础设施建设，改善交通，提高供水、供电、电信、污水垃圾处理等公共产品的现代化水平来进行环境治理。这类基础设施建设往往投资大、回收期长，同时又具有一定的垄断性，但只要理顺价格机制，就能够充分发挥回报稳定、风险低的优势，改善人居环境的建设。

然而有些资金的使用并不妥当，不合理的资金分配会影响居民的正常生活。资金分配应贯彻量力而出、适度消费的可持续发展的精神，从而达到改善人们居住环境的目的。

合理确定各项建设的标准是可持续发展建设的基础，是建设资金合理使用的科学依据。盲目地攀比建设不仅会给短缺的资金来源带来更大的压力，还会造成不良的消费心态。

政府有责任指导农民建设可持续发展的人居环境，如山东省建设厅就为农民建房提供了优秀的农村住宅设计方案。

推进可持续发展的一个重要方面是保证现行的政策不鼓励非持续性行为，应逐步取消对环境有害的补贴，以此消除经济扭曲现象，提高效益，促进经济增长，从而节省预算资源。例如，农业补贴会造成杀虫剂的大量使用，从而引起水污染和公众健康问题。政府的补贴是为了维护社会平等，使建设资金真正用到改善居住环境和提高基础设施水平上。

三、经营城市以形成多元化的投融资体制

100多年前霍华德在《明日的田园城市》中对经营城市做了大量的论述："通过借款买地，在低廉的农田上建设田园城市，将'税租'收入的一部分用于市政建设、部分还本付息，还清后全部城市土地归社区所有，税租可用于社区福利……"这些重要的思想在后来被人所遗忘。[①] 而笔者在当前的实践中又重新感悟到这种思想的重要性：要建设城市、实现规划目标必须管理、经营今天的城市。在计划经济体制下，城市的资源由国家统一配置，生产由国家统一调度，财政由国家统一分配，人才由国家统一培养，城市的公共物品、公共服务和社会福利供给也均由国家统一承担。在向市场经济体制转变的过程中，政府的职能从包揽一切的全能政府，变为有限政府，许多事务从政府内部管理转为外部市场运作，但城市的公共物品、公共服务和社会福利供给仍然由政府负责。同时，政府应利用国家垄断的公共资源（如土地、水等）对市场实行宏观调控。城市经营的主体是政府，客体是城市资产，城市经营既包括政府行为，又包括市场行为。

经营城市的概念从本质上讲就是把市场经济中的经营理念、经营机制、经营主体、经营方式等多种要素引入城市建设管理。全面归集和盘活城市资产，促进城市资产重新配置和优化组合，从而建立多元化的投融资渠道，不断扩充城市建设资金来源。

在可持续发展人居环境建设的筹资方面，有三个关键的挑战性问题有待解决：

（1）如何提高筹资的水平，使传统发展模式成功地转换为可持续发展模式；

（2）如何改变总的发展资本格局，以引导更多的资本流向有利于可持续发展的方向；

（3）如何保证资金能够得到经济有效的使用，以达到节约资金、减少对资金需求量的目的。

---

① 韩继征.浅议城市规模控制——读霍华德《明日的田园城市》有感[J].城市，2010(8)：37-39.

（一）利用“输血”机制

人居环境的建设资金不是凭空而来的，外界的适当干预有助于建设的顺利启动。这种干预既包括外界资金的注入，也包括政府“看得见的手”的干预。

1. 国际投资

目前，获取国际资金的途径除ODA援助外还包括多边金融机构、商业银行贷款、外国直接投资等，而私人资本则通过商业银行和非银行资金形式流向发展中国家。我国招商引资建设的各级开发区所吸引的大多数资金都是这种全球跨国直接投资的。这些资金以谋求利润为主要目的，大部分难以直接用于支持人居环境可持续发展的建设。为此，西方一些学者提出了若干财政资源的创新机制，包括利用私人资本、征收各种环境税、减少财政资源补贴、建立环境基金等。

（1）ODA；

援助可持续发展是全球性问题，发达国家对全球环境恶化负主要责任，其不合理的国际经济秩序加剧了发展中国家的经济困境。发展中国家实行可持续发展的战略，实际上为发达国家分担并偿还了大批“环境债”。充分利用ODA提供的资金来源，也是获得知识、技能和技术的一种手段。但是ODA目前只能满足3%～5%的资金需要，同时，发达国家以“保护知识产权”为理由限制技术转让，更加剧了发展中国家的经济困境。

（2）私人资本；

全球每年的私人资本投资约4万亿美元，约是官方投资的6倍。政府有意引导私人资本流向有利于可持续发展的方向，有可能会解决大部分的资金问题。我国在基础设施领域已经尝试引进私人资本建设和管理，但还需要建立一套可行的、有效的运作方式，使这种利用私人投资的方式更安全、更有秩序、更规范化。最基本的政策和规定是必须能使私人资本在投资可持续发展的技术和服务时，具有潜在的获取利润的可能性，并且其投资风险要控制在可以接受的范围内。

私人资本更多地关注盈利，较少注意微利或无利可图的项目，因此，私人资本一方面可以解决资金的严重不足，另一方面又可能会造成环境污染的进一步扩大。我们同时还要防止发达国家将高污染和低技术的产业和项目向我国转移。由此可见，私人资本的优势与私营部门的作用无论如何都无法取代ODA的作用。

（3）全球税收；

为了促使新的筹资方式出现，有关部门提出了3种全球税，即碳税（Carbon Tax）、国际飞行税（International Air Transportation Tax，IATT）和托平税（Tobin Tax）。征收碳税的目的是为了减少一次污染，鼓励提高矿物燃料的使用效率，鼓励使用不排放二氧化碳的能源。它按污染者付费的原则对矿物燃料征税进行筹款。征收国际飞行税的目的是削减由气体排放造成的温室效应和保护臭氧层。托平税由20世纪70年代末期美国经济学家托平提出，即以较低的、固定的比例对国际外汇交易征收一定的费用。它可以很好地改善国家财政状况以加强公共服务和基础设施建设，但会增加外汇交易成本，使国际贸易下降，最终影响全球经济。我们可以通过国际税收建立全球环境基金（Global Environment Facility，GEF），以吸收这部分基金投向我国的可持续发展的建设。

（4）环境基金。

全球环境基金作为国际公约筹资的机制备受关注。建立区域环境基金可在5个方面发挥作用：

①制订区域一般环境战略计划；

②促进推广清洁生产技术；

③解决跨国环境问题；

④保护脆弱生态系统，补救过去造成的环境破坏；

⑤加快能力建设和机构建设。为了保持资金来源的持续性，必须将其主要来源由国外转向国内。

目前一些经济转型国家通过建立污染削减基金（Pollution Abatement funds，PAFs）或保护信托基金（Conservation Trust Founds，CTFs）来加大征收环境行政性费用的力度。

2. 国内政府投资

（1）地方政府财政资源；

投资收益低于投资支出的公益性投资领域应当纳入政府的投融资范围，通过国家政策性开发银行提供贷款，通过在财政预算内增加拨款或政府的基础设施专项基金来解决。这样能集中有限的政府投资，使公益建设项目和样板工程的建设资金得到保障。

(2) 税收和收费；

地方政府可以制定一些法规、规章，对非可持续的消费行为、建设行为、经营行为课以单独的税费，并将这些税费专管专用。还可以在国家税收地方留成中划出一部分专门用于可持续发展建设的有关项目。

(3) 专项基金。

其来源具有广泛性，包括国家出资、社会团体和个人无偿赞助，以及向企业和个人征收。在特殊的建设时期，这种方式不仅可以筹措资金，还能起到宣传鼓动的作用。

(二) 市场化的经营城市建设

1. 有期有偿转让特许经营权

吸引外商直接投资和非国有资金的投入，积极推行 TOT（移交—经营—再移交）外商直接投资和非营权 BOT（建设—经营—移交）、BOO（建设—拥有—经营）、BTO（建设—转让—经营）、BBO（建设购买—建设—经营）等特许经营方式。

(1) TOT；

例如，上海市投资了 28.43 亿元用来建设延安路隧道北线。上海城投公司将隧道 20 年专营权以及 50%的股份转让给香港中信泰富集团，成立合资项目公司中信隧道，从而获得转让收入 13. 85 亿元；之后又建造了隧道南线（复线），南线也由中信隧道负责经营收益，中信泰富占有 50%的股份、20 年收益权。类似的还有内环高架、延安路高架、南浦大桥、杨浦大桥、徐浦大桥、打浦路隧道等。在上述项目的操作中上海市政府与受让方有以下约定：不得辞退现有工作人员；不可提高路桥的票价；若没有达到约定的回报率，政府承诺以其他方式补足固定回报。

TOT 方式得以实施的内在前提是银行贷款利率差额。假定银行同期存款利率为 3%，贷款利率是 6%，政府若向银行贷款融资需要付 6%的利率，若政府以低于 6%而高于 3%的承诺回报率（如 5%）招标转让经营权，则高于银行存款同期利率 2 个百分点，对于投资商来说有投资价值而且没有风险，对于政府来说比通过银行贷款降低了1%的融资成本。

虽然政府对上述的转让进行了承诺，但是实际上没有摆脱项目，仍旧具有因通货膨胀引起利率变化的财务风险，所以市场化的程度不高。随着改革的深入，市场化的程度必定会逐步提高。

（2）BOT。

20世纪末，真正意义的BOT开始出现。政府为了降低投资风险，在土地出让、动拆迁、税收、贷款贴息等方面以政策优惠吸引了大量的民间资本。例如，上海卢浦大桥在公开招标中，中国船舶工业公司等6家企业联合组建的上海卢浦大桥投资发展有限公司集资30.8%，其余的69.2%通过中国工商银行贷款，以项目特许专营权质押，使公司拥有了25年的大桥经营权。

BOT使政府可以提前建设一时无力投资的项目，提前发挥经济和社会效益，减轻政府的财政负担和财务风险。国外或民间企业直接实行项目运作，与企业的效益直接挂钩，有利于提高投资效率。同时，长期的经营期可以使企业保证工程的施工质量，以减少经营期的维修保养费用。

2. 利用有价证券市场直接向社会融资

可以依法或者根据地方政府的有关规定发行企业债券（包括融资券和内部集资），或者在国际证券市场上市直接融资。例如，上海通过城投公司、久事公司等国有企业投资发行企业债券，10年累计筹集城市建设资金120多亿元。自来水股份公司和上海原水公司先后在证券市场为上海的饮水工程与水厂建设筹资约23亿元。这种方法同时还能避免长期存在的“乱收费、乱集资、乱摊派”的现象。

3. 产权界定

通过将一些自然资源的产权私有化，让个人在法律和规章的保护下拥有对资源的处置权、收益权，可以有效地防止人类对自然的任意破坏。产权的私有化还可以收回一部分费用，并为下一步的建设带来产权升值的积极性。

4. 建立具有农村特色的公积金制度

联合有关部委和农业银行等商业银行机构共同承担风险，使农民在享受集中建设带来的方便和环境改善的同时，也为这种改善付出部分费用。这种公积金可以作为小城镇建设的资金贮水池。例如，迁村并点带来的收益是隐形且长远的，这种解决外部效应的行为只有政府才能行使，其资金收回的周期时限长，将这种无形的价值改造成有形的可以使政府能够即期收回资金的投入部分。政府融资经济手段的分类见表 7-1。

表 7-1　政府融资经济手段的分类

明晰产权	所有权：土地所有权、水权、矿权使用权、许可证、管理权、特许权、开发权等。
建立市场	可交易的排污许可证、开发配额、水资源配额、资源配额、土地许可证、环境股票。
税收手段	污染税、原料投入税、产品税、出口税、进口税、差别税、租金和资源税、土地使用税、投资减免税等。
收费制度	排污费、使用者费、改善费、准入费、道路费、管理费、资源生态环境补偿费。
财政手段	补贴、软贷款、赠款、利率优惠、周转金、部门基金、环境基金、加速折旧等。
责任手段	法律责任、环境损害责任、保险责任。
债券	环境行为债券、土地开垦债券、废物处理债券、环境和事故债券、押金—退款制度。

（三）培育“造血机能”

通过外力的作用和引导，建立内在的可持续发展机制才是最重要的任务。使人居环境形成自身可持续的资金产出与投入的运作机制是可持续发展的最终保障。

1. 体制创新，培育市场经济

只有经济持续发展，才能保证人们的生活水平不断提高；只有经济持续发展，才能为人居环境建设创造持续不断的资金来源。根据我国当前的发展情况，体制创新比技术创新更为紧迫。例如，政企分开，使企业经营者能够充分发挥独立法人的作用，以市场为导向决定企业经营的战略；转变政府的职能，使政府主要发挥经济调节、市场监管、社会管理和公共服务的功能，这样做可以为企业的发展创造良好的外部环境，为地方政府提供持续、可靠的税收来源。

2. 完善市场体系

建立完善的劳动力市场、资本市场和产品市场，让市场的力量来配置资源（尤其是稀缺资源），使可持续发展的目标以市场的力量和方式去实现。在不断提高政府实施监管能力的基础上，大力促进市场机制的建立和完善，同时建立有关指标的市场调节体系。例如，美国的可交易许可证制度：由政府向厂商无偿发放许可证，限定厂商的污染额度指标，规定企业准许污染的水平，但同时还允许厂商拥有购买或出售污染环境指标的权利，使那些工业先进、减排目标更易实现的厂商可以将多余的排放许可证出售给高污染厂商，从而使其获得减排效益，起到激励作用。由于颁发的许可证在数量上有所限制，总的环境标准并没有改变，污染者之间重新配置许可证可以使达标的费用最小化，也就是说能够确保以最低的社会成本达到特定的污染或排放目标。

建立这种市场一般要通过两个步骤：

（1）污染权或资源使用配额的分配；

（2）污染权或资源使用配额的交易。政府通过出售许可证也可以获得一些收入。

（四）规范机制建设

1. 土地市场化建设

土地市场包括国有土地和集体土地两种土地所有权。土地商品化一要通过土地所有制并轨以消除“双轨价格”，二要解决原来土地上的农村剩余劳动力的就业问题。例如，上海市郊区的土地价格为200元/平方米，每亩土地需要安置3个剩余劳动力。安置措施主要采用发放养老保险金的形式，一般为3.5万元，再加上转户口费，每人需要大约4万元的安置资金，这对开发公司来说是不小的投资。在政府的干预下规范区域性的土地市场可以给房屋建造者一定的利润空间，有利于提高多元投资的积极性。

土地征用初期的征用费给投资者带来了很大的压力。可以参照上海市的解决办法：上海市在征地进行公共基础设施建设时，不改变土地的集体所有制性质，政府只负责补偿拆房等损失，不负责安排工作，每年由项目公司向农民提供经济补偿，按照原耕地的收益量计算，初期的征地费大致只需原来的1/3。

2. 政府间的区域联合

建立区域性管理机构是很有必要的，区域性管理机构能够协调基础设施和社会公共设施的建设、管理、资金运作。同时，重点项目的引进以及地方对国家项目的参建都是解决地区建设资金不足的有效途径。例如，上海市提出的“三集中”就是在区域范围内对资源、人口、资金的综合配置，建立区域的工业园区，吸引大型项目，努力形成地方“拳头工业”，从根本上解决建设资金的问题。

3. 机构建设实行企业化的市场运作

城市建设投资公司主要行使业主职能，是城镇建设开发不可或缺的重要机构，也是政府解决建设资金的重要机构。形成政府—投资公司—项目单位三层架构能较好地解决投资主体缺位、政企不分的问题，真正实现所有权、经营权分离。城建投资公司是政府出资授权经营城建资金的企业，代替政府经营城建资金。该公司本身具有双重职能，体现了社会效益和经济效益的统一，既为政府的公共事业服务又为政府的产业政策服务。“以建养建”的思想体现了城镇发展的特点，微利建设是其投资的原则。上海城市建设投资开发总公司于1992年成立，以企业举债的形式，通过向金融机构融资和吸引社会资金等多种方式走上市场化之路。

以上海市杜行村为例，城建开发公司在为杜行医院筹集建设资金时采用了发行福利彩票的方式，共募集资金500多万元，基本解决了资金问题（镇政府投资100万元，区政府投资70多万元）。在城镇道路建设上，采取了公司与政府合作的方式，共同投资，共同受益。

四、政策与对策

建立可持续发展的人居环境建设资金筹措机制必须改革投融资体制。从经济角度来看，可持续发展属于一种公共物品或者准公共物品，政府是理所当然的供给者或者调节者，有义不容辞的责任。地方政府应当依据国家宏观经济政策，制定适合地方的经济政策、财政政策、金融政策、产业政策、税收政策和分配政策等以规定地方的经济行为，并引导所有的经济活动和社会活动向可持续发展的目标靠近。

（一）改革社会基础设施的建设规划管理办法

目前我国社会基础设施的投资建设有布局分散、建设重复的弊端。社会基础设施的规划和布局必须考虑各个地区合理的产业布局与资金承受能力，统一规划、循序渐进。应当建立跨区域建设的协调合作，统一劳动力市场、金融市场、产品市场，建立协调的区域基础设施的网络，提高资金利用效率。应当建立统一的区域企业园区，使基础设施利用、产品生产、劳动力分配、资金安排、工业企业相对集中，优势互补，具有统一协调的运作机制，以减少局部的优化造成周边地区的环境劣化，避免局部的可持续建立在污染周围地区的基础上。建立区域协调机制能够把过去分散的财力、物力集中起来使用，有利于有计划、有步骤、有重点地解决区域性环境污染问题和资金筹措问题，减少重复投资、重复污染、重复建设。建设区域协调的机制显得日益急切，成为人居环境可持续发展的关键问题之一。虽然它涉及的方面不仅仅局限于经济、资金领域，但是它确实是保证有限资金得以合理使用，防止重复建设，达到整体效益最大化的关键。

陕西省的西安市与咸阳市签订了《西安—咸阳实施经济一体化协议书》，内容如下：

规划相互通气，市区联为一体；
建设西咸地铁，对接世纪大道；
电话区号共用，信息网络共享；
打破垄断封锁，共建市场体系；
打破地域限制，整合两市资源；
共建科教基地，扩大交流合作；
共铸旅游品牌，建设旅游强市；
加强环境保护，确保水质安全。

同时，西安与咸阳还提出了“八同”——规划统筹、交通同网、信息同享、市场同体、产业同布、科教同兴、旅游同线和环境同治。将区域协调的思想化为实际行动，迈出了可喜的第一步，期待西安与咸阳的经济一体化能为跨行政区的协调提供成功经验。

（二）改革投融资管理方式

培育多元的投资主体，建立多元主体分工协作机制，调整多元投融资主体的出资权限与职责范围。调整中央与地方政府的产业准入政策，适当扩大地方政府社会基础设施的投融资权限。不能因为社会基础设施具有公益性的产出特征，就将其简单地归类到财政投融资范围，而应当发挥社会基础设施投资主体和融资方式多元化的优势，取消投资壁垒，鼓励和促进民间投资参与建设。调整民族经济与外资产业的准入政策，提高利用外商直接投资社会基础设施的比重。

（三）调整融资政策

应当将不具有投资回报能力的项目纳入政策性筹资渠道，通过财政拨款来解决；应当将有投资回报能力的项目纳入经营性筹资渠道，进入市场筹集建设资金。通过特许经营权转让等办法吸引外资和非国有资金的投入是加快城镇基础设施建设的重要途径。同时，允许地方政府发行建设债券进行直接融资，既有利于规范地方政府的投融资行为，又有利于推动地方政府扩大社会基础设施的投融资规模。

为了吸引更多的国外资本进入我国城镇建设市场，应当建立良好的政策环境：

（1）政府必须提供清晰的、可预见的宏观经济政策和环境政策的框架；

（2）政府和国际组织采取特殊的手段来减少市场风险和政策风险，减少那些善待环境的商品和服务投资的操作费用；

（3）国际组织和国内机构向私人公司提供信息、培训和市场等方面的帮助；

（4）资金向保护环境方面流动需要改革经济政策，包括通过提供研究基金、低息贷款和补贴的方法，鼓励私人资本向公共基础设施、国家的环境技术设施投资。

（四）经营方式的转变

明确划分社会基础设施的资产经营权限，理顺社会基础设施的产权关系和经营权关系，确立“谁投资、谁经营、谁受益”的原则，减少社会资产的闲置或浪费。在明晰产权的基础上，完全福利性质的社会基础设施应当依靠税收来维持经营；对于低收费半福利性质的社会基础设施的资产经营，政府应提供一定数量的财政补贴（如城市垃圾处理等）；对非福利性质的社会基础设施的资产经营，政府要通过价格管制来保障其为公共服务的性质。

（五）建立固定的收费制度和责任制度

地方政府可以制定一些法律规章，对污染物排放等征收排污费之类的费用，也可以对利用环境和自然资源的活动进行收费，从而刺激生产和消费方式向可持续发展方向转变。

政府通过规定污染者和使用者的责任来对违法行为进行法律和经济处罚。由于污染者和使用者负有与排污、环境损害以及废弃物储存的处理成本和损害成本有关的责任，有可能会导致相应的保险市场的出现。政府可以通过适当的渠道将保险金用于可持续发展的建设项目。

（六）取消不合理的财政补贴

在建设小城镇时需要考虑吸纳农村大量的剩余劳动力。农民离开土地进入城镇后，丧失了以前享有的出租自留地、政府分红和工矿打工三方面的利益和收入，他们需要得到福利保障、稳定收入和养老保障。政府通过吸引农民进城所获得的收益应当用于投资公共物品，形成小城镇建设的资金贮水池，为这部分农民建立有保障的公积金；不应当为了眼前的利益将大部分的收益用来发放政策补贴，以免一方面助长了超前、超量的住房消费现象，一方面削弱了政府对公共设施的投资力度。

可持续建设的资金源于区域间的有机协调和经济、社会的持续发展。多元化的资金筹措渠道可以鼓励公私良好合作，发挥各方的积极性。政府不仅要集中有限的财力建设经营好公益性的社会基础设施，还要制定符合市场规律和地方实际情况的法律、规定和制度，运用市场的力量建设、管理、经营好各项社会基础设施和居民的居住环境。依靠民力、借助外力从而壮大实力的建设之路，才是可持续发展之路。建立可持续发展的人居环境投融资体制是人居环境可持续发展的重要保障之一。

第八章 中国城市人居环境可持续发展对策建议

联合国发布的《2014年人类发展报告》针对贫困问题和脆弱性问题提出对策，力争使人类居住环境的发展更加可持续化。可持续不仅仅是环境质量的可持续，还包括社会公平、社会发展的可持续。其中，城市人居环境可持续发展原则包括：

（1）坚持城市环境质量的可持续原则，建立健全空气污染监督机制、空气污染惩罚机制、空气污染奖励机制和空气污染补偿机制；

（2）确保城市居住权利社会公正的可持续原则。居住权利是人的基本权利之一①，当前中国存在居住不平等现象，主要包括城市中的贫困户、快速城镇化进程中涌入大城市的农民工等居住困难群体。要确保居住权利的社会公正性就要关注弱势群体，使“居者有其屋”；

（3）确保城市人居硬环境和城市人居软环境耦合的可持续原则。城市人居环境发展不仅要满足物质生活，还要使文化、娱乐等人居软环境协调同步发展。从整体上提高城市人居环境质量既要求提高人居硬件设施配套水平，又要求努力营造多样化的人居软环境。实质上，人居硬环境和人居软环境的耦合过程就是城市人居环境的优化过程。②

---

① [日]早川和男.居住福利论：居住环境在社会福利和人类幸福中的意义[M].李桓，译.北京：中国建筑工业出版社，2005.

② 宁越敏，查志强.大都市人居环境评价和优化研究——以上海市为例[J].城市规划，1999(6)：15-20.

第一节　关于城市居住困难户的对策

我国的快速城镇化导致城市，特别是大城市外来人口的住房问题突出，再加上城市中本身就存在部分居住困难群体，所以当前我们要重点解决城镇部分贫困户籍人口和涌入（大）城市的非户籍人群的住房问题。根据以上国情，笔者提出居住困难住宅改造策略和完善策略。

一、改造策略

城中村居住问题是当前中国城市主要的住房问题之一。城中村承载了大量的外来务工人口，在解决外来人口的住房问题上发挥了重要作用，是城市住房供给结构中的重要组成部分。[①] 然而，城中村的居住条件令人担忧。因此，城中村改造对改善城市住房困难户居住条件而言至关重要。提高和改善困难群体居住条件可以从以下三个方面考虑。

（一）积极妥善处理好城中村产权问题

城中村的户主将房子租给他人，而租房者还可能会将住宅转租给第三者。除此此外，城中村普遍存在违章建筑，在城中村拆迁和改造过程中，建筑是否违法、产权归属问题存在复杂的关系，若涉及城中村居民的补偿问题，常常难以弄清补偿人与受益者。因此，在处理城中村改造的问题时，首先要弄清城中村建筑所有者的产权问题，避免因拆迁或改造带来的不必要的矛盾，减轻城中村改造的阻力。

（二）积极妥善处理好城中村改造的资金问题

城中村的拆迁和改造需要巨额资金。单靠地方政府难以顺利完成改造任

---

① 郑思齐，任荣荣，符思明.中国城市移民的区位质量需求与公共服务消费——基于住房需求分解的研究和政策含义[J].广东社会科学，2012，155(3)：43-52.

务。地方政府在城中村改造上可以通过“以商养商”来发挥城中村土地资源的级差地租作用，吸纳社会资本参与城中村改造，使政府、企业和个人都能够参与城中村的改造过程。

（三）积极妥善处理好城中村居民的搬迁问题

城中村的改造应作为一项民生工程，从根本上提高和改善居住困难群体的生活质量。城中村的改造又是一项复杂的工程，涉及拆迁居民补偿、城中村整体环境整治和改造后的住房设施配套等多个层面。因此，在城中村的拆迁和改造过程中要妥善安排好城中村居民的搬迁问题，不能仅为赢得城市黄金地段的高价土地出让金而忽视居民的生活质量，应当大力建造普通住宅，实现社会和谐发展。对此可参考吴良镛对北京新菊儿胡同的探索。

二、完善策略

建设社会保障性住房以满足城市居住困难群体的住房改善需求。中国的棚户区或城中村改造是新型城镇化“三个1亿”的重要组成部分，它直接关系到全面建设小康社会的进程。2017年全国城镇保障性安居工程新开工住宅700万套以上，其中改造棚户区609万套以上，在一定程度上缓解了棚户区以及城中村居住困难的问题。然而，中国的保障性住房建设仍然存在制度覆盖面小、评定保障对象难、保障法律体系不完善等问题。针对保障性住房问题，可通过完善相关法律法规与制度来解决城市困难群体的居住问题。

（一）明确保障性住房的保障范围和保障对象

建立城镇居民真实收入数据库，推动保障性住房信息公开。参照当地城市城镇居民人均收入水准，界定城市低收入住房困难群体，将城镇居住困难群体纳入保障住房体系。由于目前中国缺少居民真实收入的透明数据库，难以把握和衡量城镇困难群体与城镇居民的收入水平。因此，城镇困难群体可综合参考人均住宅建筑面积、住宅老旧程度、住宅配套设施完善程度和住宅周边基础设施与公共服务水平来界定。保障性住房的保障对象不仅是城镇居住困难群体，还包括城市外来务工人员。应做到保障性住房保障对象的公平、公正，解决外来人口因城中村拆迁导致的高租金问题，使外来务工人员更好、更快地融入大城市。

（二）建立国家保障性住房进退机制

由于城市保障性住房的对象——城市弱势群体处于变动状态，当他们通过自身努力使自身的收入水平高于保障性住房标准时，就应该退出保障性住房。[①] 这不仅体现了人居环境的社会公平性，而且还能够为国家减轻保障性住房建设和维护的经济压力。同样，因某种原因而导致家庭经济危机的群体也具备申请保障性住房的资格。我们要学习国际上先进城市的经验，根据经济社会发展和人均收入水平的变化，制定动态的城市保障性住房标准，使真正的城市困难群体有房可居。国务院在《中华人民共和国城镇住房保障条例（征求意见稿）》中提出“在退出机制上，租赁期满未续租、不再符合保障条件以及违规使用保障性住房的，应当腾退保障性住房”，但问题在于如何将“不再符合保障条件”的群体透明化。因此，要建立国家保障性住房的退出标准、退出方式和法律约束机制，各地区要在参考国家的进退机制标准的基础上制定符合本地实际情况的保障性住房标准，为真正需要保障性住房的困难群体提供帮助。

第二节　城市空气质量改善对策

空气污染本质上是由中国粗放的经济增长方式造成的，而中国经济转型、产业结构和能源结构的调整需要时间，空气污染的治理是一个长期的过程。北京大学发布的《空气质量评估报告》显示 2010—2014 年北京的 PM 2.5 浓度值徘徊在 91.79～101.31 $\mu g/m^3$，其变幅不大，说明北京空气污染具有长时段的特征。本节针对空气污染，提出在总量控制，源头治理；立法监督，严格执法；调整能源结构，优化产业结构；增进区域合作治理，建立区域联动监督机制等方面的优化建议。

---

① 满燕云，隆国强，景娟.中国低收入住房：现状及政策设计[M].北京：商务印书馆，2011.

一、总量控制，源头治理

根据《环境空气质量标准》（GB 3095—2012）对空气污染排放物进行严格排放限制，对容易产生粉尘的生产企业和生产设施进行技术改造，使其达到环境空气质量标准。对企业生产过程中容易产生的硫化物、氮氧化物、氯化物等黑尘进行排放标准的限定，定期检查和测定黑烟易发企业排放物总量并记录在案，在排放物屡次严重超标时责令其停改整治。积极推广新能源汽车，减轻流动源对空气质量的破坏。

在空气污染物总量控制和源头治理的方法上，日本学者提出了“按燃料与原料使用量分配方式”和“最大复合落地浓度的控制方式”两种治理方法。

燃料与原料使用量分配方式：

$$Q = a \cdot W^{b} \tag{8-1}$$

在式（8-1）中：

Q——各特定工厂硫氧化物的容许排放量；

W——特定工厂等燃料和原料使用量；

A——保证达到削减目标常数，由该地区的都道府县知事确定；

B——在 $1.00 > b > 0.8$ 范围内，由该地区都道府县知事确定的常数。

最大复合落地浓度的控制方式：

$$Q = \frac{C_m}{C_{m0}} \cdot Q_0 \tag{8-2}$$

在式（8-2）中：

Q——各特定工厂硫氧化合物的容许排放量；

Q_0——目前排放的硫氧化合物量；

C_m——为达到削减目标的最大复合落地浓度；

C_{m0}——对应 Q_0 的特定工厂等的最大复合落地浓度。

二、立法监督，严格执法

《中国人民共和国大气污染防治法》制定了严格的空气预防和治理制度。规定县级以上政府应当将大气污染防治工作纳入国民经济和社会发展规划，加大对大气污染防治的财政投入。有关部门和地方各级人民政府应当采取措施，推广清洁能源的生产和使用，逐步降低煤炭在能源消耗中的比重。编制可能对国家大气污染防治重点区域的大气环境造成污染的有关工业区、开发区、区域产业和发展等规划，依法进行环境影响评析。还制定了惩罚措施，对于造成大气污染事故的，按照污染事故造成直接损失的一倍以上三倍以下计算罚款。

三、调整能源结构，优化产业结构

当前，煤炭是中国经济增长的主要能源支柱，而挖煤、燃煤等又会造成空气严重污染。因此，降低煤炭能源比例、加快调整能源结构和产业结构才能从根本上治理空气污染问题。一方面，通过发展城市天然气和发展清洁能源等措施，优化能源结构；另一方面，在有条件的地区因地制宜，充分发展风能、潮汐能等清洁能源，提高清洁能源的比例，加快调整产业结构，淘汰高投入、高能耗、低产出的粗放型产业。虽然对钢铁、水泥等劳动密集型产业的调整会导致短时期的失业问题，但从长远来看有助于经济和社会的可持续发展。2014年“两会”期间，“治霾”成为河北省的头等大事。河北省在巨大的再就业压力情况下提出了压减6 000万吨钢铁、6 000万吨水泥、4 000万吨煤和3 000万吨标准重量箱平板玻璃。只有深化能源改革和优化产业结构，才能使“APEC蓝”和“两会蓝”成为中国城市人居环境的常态。

四、增进区域合作治理，建立区域联动监督机制

诺贝尔经济学奖获得者奥斯特罗姆在公地治理理论中引用了三种有影响力的模型：公地悲剧、囚犯困境博弈和集体行动的逻辑。这三种模型的中心问题都是“搭便车”问题。任何时候，个人只要没有被排除在分享由他人努力所带来的利益之外，就没有动力为共同的利益做贡献。[①] 我们可以将空气看作免费的商品，这种商品具有公共属性，任何群体、个人不需要劳动就可获取。但是空气污染是区域性的环境问题，假如本地区没有空气污染，但相邻地区的空气受到了污染，那么本地区的空气有可能会因空气流动也受到污染。因此，波蒂

---

① [美]埃莉诺·奥斯特罗姆.公共事物的治理之道——集体行动制度的演进[M].余逊达，陈旭东，译.上海，上海译文出版社，2012.

特、詹森和奥斯特罗姆提出了以共同合作、多元治理的方法应对公共资源困境问题。[①] 具体方案如下。

依据公共治理理论，提出建立国家级空气质量管理委员会的建议，要求委员会定期召开空气质量问题国家级会议。履行监管区域之间和城市内部空气质量污染源职责，对污染源进行整治、清查和处理，包括企业搬迁、污染防治技术改进、污染税征收、给予不同程度的罚款、停业整顿等方式。通过建立自上而下的合作治理机构，实时监督空气污染，努力做到节能减排，集约资源和能源的利用，减少不必要的浪费。建立区域合作发展的激励机制，建立零排放示范区，对排放严重的区域进行防治技术转移，多管齐下，协调治理空气污染。努力构建多元化的监督机制，使社会形成减排风气，成为约束企业和个体的行为准则和道德约束。

长三角空气污染防治协作机制是一个很好的案例。长三角地区自 2014 年 1 月 7 日正式召开第一次工作会议以来，初步建立了联防联控网络，使深层次合作机制初具雏形。《长三角区域落实空气污染防治协作机制行动计划实施细则》中规定了控制煤炭消费总量、强化污染协同减排等六大重点措施。联防联控机制实际上是公共事物治理理论的实践。长三角合作治霾的经验值得推广，笔者认为可以建立国家级的联防联控机制来控制空气方法。

第三节　基础设施承载力的改善

基础设施是联系人和自然的纽带，是为保证社会经济活动改善生存环境、克服自然障碍和实现资源共享等而建立的公共服务设施。尽管基础设施的建设扩大了人类日常活动空间、改善了城市人居环境，但是当基础设施处于超载状态时会影响到城市人居环境质量，城市交通拥挤、城市内涝等基础设施超载问题表现最为显现。为克服大城市基础设施承载力超载问题，本书尝试从绿色设

---

① [美、加]艾米·R·波蒂特，马克·A·詹森，埃莉诺·奥斯特罗姆.公共资源与实践中的多元方法[M].路蒙佳，译.北京，中国人民大学出版社，2013.

施和绿色建筑建设的角度提出发展对策。

一、促进绿色基础设施建设，减少建设基础设施碳排放

绿色基础设施建设是提高城市基础设施承载力的重要手段，也是中国城市人居环境可持续发展的要求。美国保护基金会将绿色基础设施定义为一个由水道、湿地、森林、野生动物栖息地和其他自然区域，绿道、公园和其他保护区域，农场、牧场和森林，荒野和其他维持原生物种、自然生态过程和保护空气与水资源以及提高美国社区与人民生活质量的荒野和开敞空间所组成的相互连接的网络。绿色基础设施是出于生态学角度的基础设施，它采用生态技术降低基础设施带来的污染，坚持人与自然和谐相处的宗旨。绿色基础设施建设不仅能够降低由城市碳排放带来的环境问题，还能够缓解基础设施超载问题，提高基础设施的可持续性。

二、积极推广绿色建筑，增强基础设施寿命

面对有限的资源，我国已经开始重视并推广绿色建筑。《绿色建筑评价标准》（GB/T 50378—2014）提出绿色建筑的概念，它是指在建筑的全寿命周期内，最大限度地节约资源（节能、节地、节水、节材），保护环境和减少污染，为人们提供健康、适用和高效的使用空间①，与自然和谐共生的建筑。自2006年中国正式开始实施绿色建筑标准以来，其发展迅速。到2014年，政府投资的公益性建筑和保障性住房已全面执行绿色建筑标准。到2015年，新增绿色建筑面积达10亿平方米，完成北方采暖地区既有居住建筑供热计量和节能改造4亿平方米，使20%的城镇新建筑达到绿色建筑的标准。到2020年，基本完成北方采暖地区具有改造价值的城镇居住建筑的节能改造，使绿色建筑在新建建筑中的比重超过30%，接近现阶段发达国家的水平。但在建设绿色建筑的过程中要注意推广绿色建筑的可操作性和居民对绿色建筑的可接受性。建立生态城市绿色建筑示范区域，逐步推广绿色建筑在总建筑中的比例，最终实现构筑物的节能与环保，延长基础设施使用寿命。

---

① 吴伟，付喜娥.绿色基础设施概念及其研究进展综述[J].国际城市规划，2009，24(5)：67-71.

第四节　城市人居环境整体优化

全球人口还将会持续增长，但由于农业生产效率的提高，农村地区未来的人口数量会基本与现在的人口数量持平，未来将有90%以上的人口生活在城市中。[①] 不断增加的人口将会给城市带来压力，给人口、资源和环境的和谐发展带来问题。可持续发展正是解决这一问题的理念。可持续发展要求将城市人居环境的改善作为一个整体来考虑，协调城市人居硬环境和人居软环境耦合度。在快速城镇化的背景下，良好的就业机会和个人发展机遇正吸引着外来人口不断向城市，尤其是大城市集中。另外，城乡之间和城市之间在基础设施与基本公共服务水平之间的绝对差异程度相对较大，在无形中推动了人口的不断集中。要解决由城镇人口快速增长导致的城市人居环境问题，需从整体上缩小城市内部住房条件、基础设施与基本公共服务水平之间的差异，即缩小城市人居环境整体差异。这实质上是平衡城市环境质量、经济效益与社会公平的问题。一方面，要为不断集中的人口提供基本的公共服务和基本住房；另一方面，要缩小城市内部人居环境的绝对差异，平衡经济社会发展与社会公平性问题。

① 吴良镛.人居环境科学导论[M].北京:中国建筑工业出版社,2001.

参考文献

[1]刘小真.人居环境安全保障技术[M].北京:科学出版社,2018.

[2]李陈.地理学视角的城市人居环境评价研究[M].上海:上海人民出版社,2018.

[3]张文忠,余建辉,李业锦,等.人居环境与居民空间行为[M].北京:科学出版社,2017.

[4]重庆大学建筑城规学院青年学术委员会.人居环境的思辨与实践[M].北京:科学出版社,2016.

[5]李雪铭,李欢欢,李建宏,等.人居环境的地理学研究:从实证主义到人本主义[M].北京:科学出版社,2015.

[6]齐伟民,王晓辉.人居环境设计史纲(第二版)[M].北京:中国建筑工业出版社,2017.

[7]杨静.建筑材料与人居环境[M].北京:清华大学出版社,2001.

[8]吴良镛.人居环境科学导论[M].北京:中国建筑工业出版社,2001.

[9]刘滨谊.人居环境研究方法论与应用[M].北京:中国建筑工业出版社,2016.

[10]赵万民.山地人居环境七论[M].北京:中国建筑工业出版社,2015.

[11]谭少华.人居环境建设解析——理论、方法与实践[M].重庆:重庆大学出版社,2013.

[12]魏秦.地区人居环境营建体系的理论方法与实践[M].北京:中国建筑工业出版社,2013.

[13]吴良镛.人居环境科学研究进展(2002—2010)[M].北京:中国建筑工

业出版社,2011.

[14]于希贤.人居环境与风水[M].北京:中央编译出版社,2016.

[15]王纪武.人居环境地域文化论:以重庆、武汉、南京地区为例[M].南京:东南大学出版社,2008.

[16]张耐联.规划环境影响评价在生态城市建设中的应用研究[J].当代化工研究,2018(3):39-40.

[17]陆路,王宁,李炎琪.城市人居环境品质评定方法研究[J].资源开发与市场,2016(12):35-38.

[18]李蕊,秦颖,侯研君.我国中小城市人居环境评价指标构建研究[J].北京建筑工程学院学报,2016,32(4):71-76.

[19]李陈.中国城市人居环境评价研究[D].上海:华东师范大学,2015.

[20]王竹,钱振澜.乡村人居环境有机更新理念与策略[J].西部人居环境学刊,2015(2):15-19.

[21]刘建国,张文忠.人居环境评价方法研究综述[J].城市发展研究,2014,21(6):46-52.

[22]孟祥海,张俊飚,李鹏,等.畜牧业环境污染形势与环境治理政策综述[J].生态与农村环境学报,2014,30(1):1-8.

[23]张文忠,谌丽,杨翌朝.人居环境演变研究进展[J].地理科学进展,2013,32(5):710-721.

[24]刘滨谊,张德顺,刘晖,等.城市绿色基础设施的研究与实践[J].中国园林,2013(3):6-10.

[25]李伯华,曹冬.基于GIS的人居环境适宜性分区及其与人口分布的关系——以湖南省为例[J].华中师范大学学报(自然科学版),2013,47(1):110-116.

[26]闵婕,刘春霞,李月臣.基于GIS技术的万州区人居环境自然适宜性[J].长江流域资源与环境,2012,21(8):1006.

[27]康停军,张新长,赵元,等.基于多智能体的城市人口分布模型[J].地理科学,2012,32(7):790-797.

[28]李雪铭,晋培育.中国城市人居环境质量特征与时空差异分析[J].地理科学,2012,32(5):521-529.

[29]张晓瑞.道教生态思想下的人居环境构建研究[D].西安:西安建筑大学,2012.

[30]陆大道.关于地理学的"人—地系统"理论研究[J].地理研究,2012,21(2):135-145.

[31]汪洋,赵万民.人居环境研究的信息论科学基础及其图谱意象系统[J].地理学报,2012,67(2):253-265.

[32]王坤鹏.城市人居环境宜居度评价——来自我国四大直辖市的对比与分析[J].经济地理,2010,31(12):1992-1997.

[33]张云彬,吴伟,刘勇.中国城市人居环境的综合水平评价与区域分异[J].华中农业大学学报,2010,29(5):623-628.

[34]张中华,张沛,朱菁.场所理论应用于城市空间设计研究探讨[J].2010(4):29-39.

[35]李雪铭,李建宏.地理学开展人居环境研究的现状及展望[J].辽宁科技大学学报,2010,33(1):112-117.

[36]高晓路.人居环境评价在城市规划政策研究中的工具性作用[J].地理科学进展,2010,29(1):52-58.

后 记

中国城市人居环境的探索是一个漫长的过程，城市人居环境问题实质上就是社会方面的问题。人居环境可持续发展是一个有待更加深入而系统地研究的、具有重要研究意义的新课题。对于人居环境可持续发展的研究应该更多地着眼于社会目标，适应当前的中国国情。

可持续发展视域下的城市人居环境的建构涉及许多方面的问题。我国政府应根据我国经济、社会、自然环境等条件确定人居环境建设的目标、标准，贯彻落实可持续发展的有关政策、规划设计原则、技术规范要求等问题。建立科学的、民主化的、制度化的决策机制是建构可持续发展人居环境体系最重要的保障。

尽管我国目前仍面临着艰巨的任务和重重困扰（包括如何制定决策机制、处理公众的现实要求、长远的利益等），前进的道路仍然崎岖，但我国人居环境可持续发展的前景已不再模糊，一些新的思想正在萌芽。

15 世纪伟大的社会变革——文艺复兴，使欧洲国家领先于世界。中国改革开放的伟大进程为我国的城市规划带来“第四个春天”。笔者在此期待中国科学文化的“文艺复兴”。

我们作为建筑师、城市规划师、城市研究工作者，要努力向前辈们学习，结合个人的微小智慧，履行自己的使命。正因如此，我们要严格地要求自己，不仅要使自己具有科学家、艺术家的素质，而且要加强自身的品德修养，即为人民服务的精神、勤奋学习的敬业精神、勇于试验的科学精神和勇往直前的开拓精神。人居环境科学是一个开放的体系，期待各位志同道合的科学工作者通过协同工作（可称为“科学共同体”），创造性地推动中国人居环境建设事业！

笔者在此感谢在写作过程中来自各方面的鼓励和帮助。由于笔者水平有限，本书如有疏漏之处，还希望各位专家和读者批评、指正。

武　勇

2018 年 12 月